自衛隊という密室

いじめと暴力、腐敗の現場から

三宅勝久

高文研

✳——もくじ

はじめに　7

第Ⅰ部　暴力の闇

1　ある特殊部隊員の死——〟聖地〟江田島から……12

※海上自衛隊第1術科学校
※1人対15人の「はなむけ」格闘〟訓練〟
※東郷元帥の「御遺髪室」
※搬送に2時間の謎
※栗栖・田母神「更迭」批判

2　虐待される女性自衛官……30

※「飛び降りてやる」
※ほかに仕事がない
※班長の殴打
※上司に相談すると報復

※「その事実については、ありません」
※下書きされた退職願

3 営内班暴行事件 …… 48
※「都合の悪いことを書く人には協力できません」
※やる気で入った自衛隊
※「血いだしやがって」
※ジュージャン
※告訴取り下げの圧力
※臭いものにフタをする組織
※『陸軍残虐物語』の時代

4 空自暴行失明事件 …… 68
※失明の事実を伏せた発表文
※殴打に頭突き
※意識朦朧でも搬送は2時間後
※失明

5 空自シカト小隊 …… 80
※「部下の隊員を虐待してはならない」

※「死にたいやつは死ねばいい」
※上司6人がかりで「あら探し」

第Ⅱ部　「腐敗」と「愛国」

1　防衛医科大汚職事件……94
※阪大ワープロ汚職
※逮捕された眼科部長
※白内障手術で網膜剥離に
※元防衛庁長官と総理の影

2　野外炊具汚職事件……114
※野外炊具1号
※一族経営の防衛商社
※まさか発覚するとは……
※守屋事件と三菱重工

3　ヒゲの隊長と防衛省の官製選挙疑惑……130
※田母神空幕長ら高級幹部7人が政治献金

※服務の宣誓
※自衛隊施設で選挙運動？
※寄附用紙を部隊で回覧か
※「いちいち確認ができない」と大臣
4 田母神〝将軍〟の燃料垂れ流し出張……150
※女性隊員はホステス代わり？
※消費燃料はドラム缶八〇本分？
※「時間的制約」「警備上の理由」というが……
※ホテルの領収書は「捨てた」
5 田母神空幕長のトンデモ講話事件……165
※Ａ４版12枚の「講話」記録
※アメリカ批判
※南京大虐殺というのは……
※組織的に記録を指示した事実はない
※田母神氏の退職金を守った佐藤議員
6 元日本軍兵士が語る軍隊生活と戦場体験……185
※志願兵として

※「精神注入棒」の毎日、自殺者も
※班長に寿司、オハギ
※靖国で会おう
※轟沈
※人は人の近くで死にたい

あとがき　201

装丁＝商業デザインセンター・松田 礼一
写真＝三宅 勝久

自衛隊と旧日本軍階級対照表

自衛隊		帝国陸軍	帝国海軍	
3士※				
2士	2年〜3年ごとの任期更新制	2等兵	2等兵	兵（士）
1士		1等兵	1等兵	
士長		上等兵	兵長	
3曹	定年制	伍長	2等兵曹	下士官
2曹		軍曹	1等兵曹	
1曹				
曹長		曹長	上等兵曹	
准尉	定年制	准尉	兵曹長	准士官・尉官
3尉		少尉	少尉	
2尉		中尉	中尉	
1尉		大尉	大尉	
3佐	定年制	少佐	少佐	佐官
2佐		中佐	中佐	
1佐		大佐	大佐	
将補	定年制	少将	少将	将官
		中将	中将	
将		大将	大将	

※中学校卒業の未成年が対象。生徒隊と呼ばれる。現在は募集を行っていない。
注：旧軍の階級は敗戦当時、自衛隊と必ずしも対応しているわけではない。

はじめに

二〇〇八年二月一九日午前四時すぎ、房総半島野島崎沖の海上で、イージス艦「あたご」（基準排水量七七五〇トン）が総トン数七・五トンの小型漁船「清徳丸」に衝突する事故がおきた。漁船は真っ二つになって一部が沈没、乗っていた父子二人が行方不明になった（注）。

現場海域で捜索が続いていた三月七日、海上自衛隊の最高指揮官である吉川栄治・海上幕僚長（当時）は、海自幹部学校の卒業式に出席して次のように訓辞をしている。

〈我々は、帝国海軍以来培われてきた輝かしい伝統と諸先輩の業績を継承しつつも、守るべき伝統と変えるべき因習とをしゅん別し、ともすれば硬直しがちな組織を効率よく機能させるとともに、常に問題意識を持ちながら、新しい時代に適合し得る、これからの海上自衛隊を創り上げる必要がある〉

約半月後の三月二四日付で、吉川氏は事故の責任をとって退くことになるのだが、後任の赤星慶治・海上幕僚長も同月二八日、海自幹部学校の入校式で、陸海空間の「交差学生」として入校した陸自・空自の学生に向けて、やはり「帝国海軍」を引いた訓辞をしている。

〈諸官には、本校での教育を通じ、海上自衛隊の物の考え方やその現状、あるいは帝国海軍以来の文化を肌で感じるとともに、海上自衛隊の学生に、陸自・空自の物の考え方を披瀝し、互いに自由な発想で切磋琢磨し、本課程履修を有意義なものとしてもらいたいと思います〉

二〇〇七年度一年間で行われた海上幕僚長の訓辞は合計二〇回。このうち「帝国海軍」「海軍兵学校」「(百年来の)江田島教育」など旧海軍を評価する発言は一五回を数える。かたや「日本国憲法」「法令遵守」という言葉は一度も出てこない。

「帝国」という古めかしい言葉が、海上自衛隊では今なお生きているのだった。

その傍らで、自衛隊は死者を出し続けている。死者数でもっとも深刻なのは自殺である。防衛省の公表によれば、自殺で死亡した隊員は、二〇〇四年度が一〇〇人、〇五年度一〇一人、〇六年度一〇一人——と三年続けて過去最悪を記録した。一九九四年から〇八年度までの一五年間で一一六二人もの隊員が自殺で命を落としている。隊員一〇万人あたりの自殺者数は三八・六人(〇六年度)。一般職国家公務員の平均値である一七・一人(同年度)の二倍以上だ。自衛隊で最大の死因は自殺だといわれる。動機の大半は「不明・その他」とされ詳細はわからない。

直接死にいたるケースが頻繁にあるわけではないが、暴力も蔓延している。暴力事件で懲戒処分された隊員は二〇〇七年度一年間で八〇人を超す。強制わいせつ事件、児童買春で処分された隊員は六〇人以上。強姦事件や殺人事件といった凶悪事件も散発的に起きている。


自衛隊における自殺者数の統計（1994〜2008年度）

年度	事務官等	空自	海自	陸自	合計
2008	7	9	16	51	83
2007	6	12	23	48	89
2006	8	9	19	65	101
2005	8	14	15	64	101
2004	6	14	16	64	100
2003	6	10	17	48	81
2002	7	13	15	50	85
2001	5	7	8	44	64
2000	8	14	16	43	81
1999	3	9	17	36	65
1998	4	12	17	46	79
1997	5	6	11	44	66
1996	5	9	17	26	57
1995	5	4	13	27	49
1994	8	9	6	38	61
小計	91	151	226	694	1162（人）

※防衛省各種発表資料から筆者が作成した。

脱走や不正外出で処分された隊員は三二六人（〇七年度）、病気で休職している隊員が約五〇〇人。病んでいるとしか言いようのない状況のもとで「あたご」の事件は起き、守屋《もりや》武昌《たけまさ》・事務次官をめぐる贈収賄事件が露呈した。

自衛隊に充満する暴力と腐敗、そして旧日本軍――これが本書のモチーフである。規律は緩みモラルが崩れる。人間が続々と傷つき死んでいく。ちらつく旧帝国陸海軍の影。自衛隊のなかで何がおきているというのだろうか。実態をすこしでも知りたいと、私はいくつかの事件を追った。巨大な実力組織の病理を考える上でのささやかな手がかりになれば幸いである（文中一部敬称略）。

（注）イージス艦「あたご」はハワイでのミサイル装備認定試験を終えて、二月六日に真珠湾を出航、横須賀基地入港を目指して自動操舵で北上中だった。速度は約一〇ノット（時速約二〇キロメートル）。一方の清徳丸は、マグロはえ縄漁のために勝浦漁港を出航、沖合いに向かっていた。不明の二人はついに発見されず、後に死亡認定される。

事故当時、現場付近の天候は晴、風は弱く波も静かだった。午前六時二三分の日の出まで時間はあったが、視界は良く、月明かりもあった。あたごの船外見張り員は、当初艦橋外の両舷に立っていたが、上官の指示で室内に戻りガラス越しに監視をしていた。近海に入り、周囲に漁船が増えてきたが、あたごは自動操舵のまま航行を続けた。あたご側が危険を察知したのは衝突のわずか一分ほど前。エンジンを切って後進を試みたが間に合わず、ほとんど減速しないまま漁船の左舷船腹を突っ切る形で衝突する。

後にはじまった海難審判で、あたご側は、衝突直前に舵を切った漁船のほうに責任がある、との主張を行う。だが審判庁はこれを受け入れず、「あたごが動静監視不十分で、前方を左に横切る清徳丸の進路を避けなかったことで起きた」などとイージス艦側の責任を認定する裁決を下す。戦闘指揮所（ＣＩＣ）でのレーダー監視や当直交替時の申し送り、各部署間の情報交換も十分になされていなかったとして、あたごが所属する第３護衛隊（舞鶴市）に対して、安全管理をめぐって異例の勧告がなされた。

第Ⅰ部

暴力の闇

1　ある特殊部隊員の死——〝聖地〟江田島から

※海上自衛隊第1術科学校

「突撃——」

小銃を抱えて走る何十人もの自衛隊員を壁際の大型モニターが映している。地面を蹴る音や装具のすれる音が、喊《かん》声に混じって響く。フエが鳴り動きが止まった。土煙がたつ。ヘルメットの下の顔は汗にまみれ、口で息をし、目がぎらついている。

「もう一回やろう」

かれた声で教官が指示を出し、フエを吹く。隊員らはまた走りだす。——

二〇〇八年の暮れ、わたしは広島県江田島の海上自衛隊第1術科学校を見学に訪れた。第1術科学校は旧海軍兵学校の跡地にある。門衛の指示で入った部屋では、ちょうど広報ビデオの上映中だった。四〇〜五〇脚のイスがある部屋にいるのはわたしのほかに中年カップルが二人。ほかに見学希望者はいないようだ。傍らの売店で女性店員が土産物の酒や菓子を並べている。ビデオにも飽きてきたころ、制服を着た案内役の男性職員が現れた。

「わたくしGと申します」

年齢六〇歳くらい。がっしりとした小柄な体で、よく背筋が伸びている。海上自衛隊のOBだという。

G氏の引率で校内見学がはじまった。部屋を出る。快晴無風、鳥がさえずる。足元の砂利は丁寧に掃かれておりゴミひとつない。

「あれが、赤レンガの建物。兵学校の生徒さんが勉強したところです。当時、レンガが珍しくてですね。イギリスから一個一個油紙に包んで金属の箱に入れて運んだんですね。で、これはなんだと日本人が尋ねたら『ブリック、ブリック』（brick＝レンガ）……〝ブリキ〟の語源は江田島にあるのです、はい――」

江田島語源説の信憑性はわからないが、ほがらかにG氏は話し続ける。

旧海軍兵学校の跡地にある海上自衛隊第１術科学校（広島県江田島市）

「この間、一二月八日……潜水艦で特殊潜航艇を運んだ艦長が米子におられましてね。伊十六号潜水艦。その日誌が出てきたわけです。展覧会をするので、私に潜水艦の話をしてほしいと言ってきたんですよ」

特殊潜航艇とは、旧海軍が秘密裏に開発した「甲標的」のことである。一九四一年一一月一八日、江田島の南に位置する倉橋島から潜水艦に搭載して出撃、一二月八日、ハワイの米軍真珠湾攻撃に加わった。二人乗りで五艇が出撃した結果、一艇が座礁して米軍に捕獲される。この艇のひとりが捕虜になり、残りの九人は死亡する。捕虜が出たという事実を大本営は長い間隠していた。

この特殊潜航艇に関連してG氏は講演に招かれたという。断りたかったが断わりきれなかった、その様子を次のように再現してみせた。

「いやだと言ったんですがね。そしたらカニ食わせるからと。それでもいやだと言ったら、じゃ女の子とさせるから。いらん、と……」

でも、とうとうのせられて行ってきましてね――G氏は声をあげて笑った。

※1人対15人の「はなむけ」格闘〝訓練〟

三カ月あまり前の二〇〇八年九月九日夕方、第1術科学校でひとりの隊員が意識不明となり、そのまま約二週間後に死亡した。亡くなったのは特別警備課程に所属する男性3曹Bさん（二五歳）だ。死因は急性硬膜下血腫だった。呉地方総監部は「訓練中の死亡事故」として記者クラブに発表し、当初はきわめて地味に報じられた。

事件が耳目を集めたのは、発生から一カ月以上がすぎた一〇月半ば。きっかけは共同通信のスクープ記事だった。

〈海自で3曹が集団暴行死　一対一五で〝格闘訓練〟――

海上自衛隊の特殊部隊「特別警備隊」の隊員を養成する第1術科学校（広島県江田島市）の特別警備課程で九月、同課程を中途でやめ、潜水艦部隊への異動を控えた男性3等海曹（二五）＝愛媛県出身、死亡後2曹に昇進＝が、一人で隊員一五人相手の格闘訓練をさせられ、頭を強打して約二週間後に死亡していたことが一二日、分かった。

教官らは3曹の遺族に「（異動の）はなむけのつもりだった」と説明しており、同課程をやめる隊員に対し、訓練名目での集団暴行が常態化していた疑いがある。海自警務隊は傷害致死容疑などで教官や隊員らから詳しく事情を聴いている。

3曹の遺族は「訓練中の事故ではなく、脱落者の烙印を押し、制裁、見せしめの意味を込めた集団での体罰だ」と強く反発している。……〉（『愛媛新聞』二〇〇八年一〇月一三日付朝刊）

陸自中央即応集団の隊内紙『ＣＲＦ』（2009年４月22日号）に掲載された「新格闘訓練」の写真

一人で一五人の相手をしていた事実も、「訓練」が特別警備課程を途中で抜けることへの「はなむけ」だった事実も、最初の発表ではふせられていた。

「リンチじゃないのか」

「暴力事件のあった相撲部屋と変わらないではないか」

防衛省に対して厳しい批判が相次いだ。そのうち、数カ月前にも同様の格闘訓練で別の隊員が歯を折っていた事実が発覚。また、二〇〇七年にも第1術科学校の隊員が潜水訓練中に溺死する事故があったことが明らかになった。

「はなむけ」事件の前日、九月八日は、上官のいじめと隊員の自殺をめぐって争われた護衛艦「さわぎり」裁判で福岡高裁の国側敗訴判決が確定した日でもあった。

「また犠牲者がでてしまった」

ニュースで事件を知った原告の遺族はそういって涙ぐ

んだ。

国会質疑に発展するなど大きな騒ぎになるなか、一〇月二二日、呉地方総監部の事故調査委員会は「中間報告」を発表した。それによれば、問題の「訓練」はランニングなどを終えた午後四時四五分ごろ、体育館で始まったとされる。Bさんが倒れたのは開始一〇分後の午後四時五五分。

報告書には、現場にいた隊員らの証言要旨が記されている。

「サークル状に学生一五名がほぼ等間隔で並び、真ん中にB3曹が防具をつけて入った。そして約一分ごとにランダムに学生が入って乱取りをした」

「四〜五人目のころから蹴りがでなくなり、元気がなくなったなと思った」

「一〇人目ぐらいでバテたかなという感じがした。『ガードあげろ』など教官の指示に反応していた」

「三回くらい倒されたが、パンチではなくクリンチにいったところを投げられたためだった」

「一四人目の学生の右フックがあたり、後ろに倒れこむようにして倒れた。自分で立とうとした。手を借りて立ち上がったが、足がもつれるようにして倒れた」

結論について、報告書は次のように述べている。

〈……本事案において行われた一五人連続組手については、学生が有する技量や人数等の点を十分に考慮したとは認められないのではないかと考えられることである。

教育参考館

また、入校取消が内示されている学生に対してこうした連続組手を行う必要性は認めがたいという点である〉

問題があったことは認めている。しかし、あくまで「訓練」の範疇だとの認識だった。

二五歳になる健康な男性が「訓練」「はなむけ」の名のもとに死亡した。自然死でない形で人が死ぬときにはかならず原因がある。わたしはBさんが働いていた職場の空気に触れたいと思った。いったいどんな場所なのか――江田島を訪れたのは、それが動機だった。

※東郷元帥の「御遺髪室」

「はい、ここが教育参考館。一番の目玉ですね――」

白い石造りの建物の前でG氏が言った。前庭に白い砲弾が飾ってある。戦艦大和のものだという。建物のわきにある黒い流線型の物体が旧海軍の特殊潜航艇だった。

「どうぞ中をごらんになってください。二〇分後にここに集合。写真撮影は禁止ですので」

G氏の言葉にしたがって、天井の高い教育参考館に入った。正面に幅の広い階段があり、その上がり口に黒い花瓶がふたつ置いてある。近づいてよく見てみると、花瓶は金属製だった。

〈真珠湾攻撃　特殊潜航艇の気蓄器をもって作成　昭和三十八年三月第一術科学校〉

そう表面に白文字で彫ってある。

階段をのぼると古びた金属製の扉につきあたった。「東郷元帥の御遺髪室」と表示されている。旧海軍元帥・東郷平八郎の遺髪をカプセルに入れて保管しているのだという。扉は閉じたままだ。横に回り込むと東郷の肖像画があった。絵の下に小さな説明板がある。

〈――東郷元帥は生前に於《おい》て既に国家的存在であったが、その古今稀《まれ》に見る武将としての偉大なる真価は死後益々《ますます》頭揚せられ世界を挙《あげ》て近世に於《おけ》る最も偉大なる世界的武将として讃仰《さんぎょう》せらるるに到《いた》った。思うにそれは日本海々戦に於る嚇々《かくかく》たる威熱もさることながら実に東郷元帥が終始一貫至誠奉公一大人格者であったことに拠《よ》ることと思う。事に当って周到厳密、人事の一切を尽してその信念を徹底し毅然として自ら執って動かなかったことは、ただ日本の武将としての生涯を貫いたばかりでなく、功なり名遂げたる後に於ても毫《ごう》もかかる処がなかったその謹厳謙抑《きんげんけんよく》にして武将としての本分以外に決して踏み出すことなく悠々自ら信ずる処をもって世を誇ったことは、古今東西他に匹疇《ひっちゅう》を見出し難いものがあったのである。世に勲功ある武将にして終始身を持することなく斯《か》くの如くあり得たるものは他にないのであってこれが元帥を欽仰《きんぎょう》して聖将と云《い》い神将と称える所以《ゆえん》である。　弘化四年（一八四七）生—昭和九年（一九三四）五月亡——〉（一部表記を改めた＝筆者）

御遺髪室から展示フロアに進む。大型ガラスケースが延々と続く。帝国海軍の歴代大将や「軍神」を、時代を追って紹介している。軍服や書、装備品、日の丸、遺書。特殊潜航艇で真珠湾攻撃に参加して死亡した「九軍神」の肖像もある。鏡のように磨かれた金属板は、連合艦隊司令長官・山本五十六が搭乗していた飛行機の残骸だという。

山本は「大東亜戦争遂行の中心にあって苦闘」したのだと説明書きにある。

ガラスケースが途切れた。一角に古びた油彩画が掛けてある。「満州国江上軍」（荒井陸男筆）。荒れた海を数隻の軍艦が航行する様を描いた絵は、「満州国国軍」より日本海軍に贈られたものだという。

出口付近の壁に大きな石版が取りつけられていた。多数の名前が彫られている。献花台もある。「海軍特別攻撃隊」「回天」の文字が見える。刻まれた氏名は、特攻隊の自爆攻撃や訓練で死亡した旧軍兵士たちのものだった。

※搬送に2時間の謎

「はなむけ」事件に話を戻す。防衛省の「中間報告」を読んで気になることがあった。Bさんが倒れたのは九月九日の午後四時五五分だが、手術の設備がある呉市内の病院に運び込まれたのは同日午後七時すぎだという。発生から二時間以上もたっている。なぜそんなに時間がかかったのだろう。

中間報告によれば経緯は次のとおりだ。

九日午後四時五五分、Bさんは意識を失ったまま、うめき声をだしていた。熱中症か疲労のためではないか。教官はそう考えて部下に氷水をもってこさせた。そして体を冷やしてみた。だが容態は好転しない。午後五時すぎ、衛生隊員が現場にきた。衛生隊員は窒息を防ぐなどの応急手当をしてから車でBさんを医務室に運んだ。

医務室到着は五時二〇分。医官の3佐はすでに帰宅しており不在だった。連絡を受けた医官が部隊に戻ったのが五時三〇分。医官は酸素吸入などをしながら容態を観察した。やがてBさんは嘔吐をし、いびきをかきはじめた。この症状から医官は脳内出血を疑った。確認するには精密検査が必要だが、第1術科学校には脳内の断層写真を撮るCT撮影の設備がない。そこでCT装置のある江田島市のA病院に車で運ぶことにした。

A病院まではものの数百メートルの距離だ。五時三七分に搬送をはじめて数分で到着。そこでCT撮影をした結果は、やはり脳内出血だった。しかしA病院ではそれ以上のことはできなかった。脳神経外科の専門医がいないため手術ができないのだ。そこで対岸の呉市に再搬送することになった。

江田島市消防局に、A病院から搬送依頼があったのは午後六時七分。救急車は数分でA病院につき、患者を乗せた。搬送先は呉市の共済病院にきまった。江田島から呉にいくには海を渡らなければならない。方法はふたつ。島を三分の一周ほど走り、倉橋島にかかる橋を経由して本州側に渡る。あるいは船でいくか。消防局は後者を選んだ。一キロあまり東の小用港まで救急車を走らせ、午後六時三七分発のフェリーに車ごと乗船した。二〇分で対岸の呉港に接岸、上陸して市内を走り、七時七分、呉共済病院に到着した。だが、この時点でBさんは危篤状態に陥っており、診察した医師は手術を断念する。集中治療室で容態観察が続けられ、一七日目の九月二五日夜、急性硬膜下血腫で死亡した。

時系列に整理すると次のようになる。

■午後四時五五分　意識不明になる
■午後五時すぎ　衛生隊員が応急手当

■午後五時三〇分　医官診察。脳内出血の疑いありと診断
■午後五時四〇分ごろ　A病院でCT撮影、脳内出血を確認
■午後六時一〇分ごろ　A病院から小用港に消防局の救急車で搬送
■午後六時三七分　救急車を載せたフェリーが小用港を出港
■午後六時五七分　フェリーが呉港に到着
■午後七時七分　呉共済病院に到着、Bさんは昏睡状態で手術を断念

脳内出血の治療にとって対応の迅速さが重要であることは素人でもわかる。自衛隊にはヘリコプターがある。呉共済病院もヘリ搬送の患者を受け入れた経験があった。なぜヘリを使ってBさんを呉に運ばなかったのか。率直な疑問を海上幕僚監部の広報にぶつけたところ、次の説明が返ってきた。

「呉や江田島にヘリコプターは配備されていません。呉基地に所属する護衛艦の艦載ヘリは、普段は徳島の基地にいますからね。それに、ヘリも格納庫から出してすぐに飛べません」

空路の搬送は物理的に無理だったという。それでも二時間以上というのは解せない。江田島は高齢者が多い。脳梗塞などで倒れる人は珍しくないだろう。重病人が出たときはどうしているのか。いぶかしんでいると、江田島で乗り合わせたタクシー運転手が教えてくれた。

「重病人はみんな呉ですよ。フェリーを使って車で行けば四〇分。A病院にはいきません。簡単な病気だけ。広島県警のヘリで呉の病院に運ぶこともたまにありますよ。こないだも、指を切断したとかでヘリで運ばれた人がいましたっけ」

重病人は呉に直行——それが島の常識、意識不明の患者をA病院に運ぶなどありえないと運転手氏はいう。島の感覚からすれば、BさんをA病院に運び込んだ自衛隊の対応は常識ハズレということになる。

中間報告は「医療措置」について触れている。

〈体育や格闘については、医官、衛生員等の現場待機が現状では求められておらず、その点が適切であったか、検証の必要がある。また、医官、衛生員を含む事案発生後の対応について、今後慎重に検証を行っていく必要がある〉

Bさんが倒れたとき医官は不在だったが、島の常識にしたがって直ちに呉に搬送していれば一時間もかからなかったはずだ。そうすれば、あるいは一命を取りとめることが可能だったかもしれない。「常識」的な判断ができなかったのはなぜか。不慣れだったのか、それともなんらかの意図が働いたのか。

※栗栖・田母神「更迭」批判

見学ツアーは海辺の見える広場のそばにきた。遠くで十数人の隊員らが手旗信号の訓練をしている。

「あれが戦艦陸奥《むつ》の砲塔です。四〇センチ。昔、普通のタマが一〇〇〇円した時代に一発四五〇〇円。一〇〇〇円で家が建った時代ですからね」

遠方を指差してＧ氏が続ける。

「あれがカッター。みんないやがる訓練ですね」

灰色をした砲塔の横に手漕ぎの船が整然とならんでいる。

「遠泳もやります。短いやつは九キロ、長いと一五キロ。昔は島を越えて宮島までいっていました。潮のはやい時をわざわざ選んでやるんですよねえ。ハハハ」

ふと自衛官の身分に関する話題になり、Ｇ氏がいっそう饒舌に話しはじめた。

「……いま自衛隊、だれもいないんですよね、高官が。制服はひとりもいない」

防衛省の局長級以上はすべて文民。制服の自衛官より文民の内部部局が上位にある。制服組の地位はもっと高くあるべきだと言うのだった。

「だから亡くなられた栗栖《くりす》長官なんか……」

栗栖弘臣《ひろおみ》・前統合幕僚会議議長の話が出た。一九七八年七月、『週刊ポスト』のインタビューで次のように発言して物議をかもした、いわゆる「栗栖事件」の主人公だ。

「……いざとなった場合、防衛庁や国防会議、閣議が防衛出動を決定するまでの間、現地部隊がただ手をこまねいていることは恐らくないと思いますね。やむにやまれず、現地幹部の独断専行というか超法規的にというか、行動をとることになるでしょう」

「独断専行」「超法規的」――現職自衛隊トップによるこの発言を、当時の金丸信・防衛庁長官は「一軍人、一部隊の行動が（盧溝橋事件のように）非常に大きな問題に発展する危険性もある」（『朝日新聞』）と問題視した。そして統幕議長の職を解いて辞職を迫った。栗栖氏は「長官の信を失った」として自衛隊を辞め、事態は一応の収束をみる。

事件は有事立法にむけて議論が動き出すきっかけにもなった。

その栗栖事件について、G氏が語る。

「オレなんかの同期がみんな言っている。おかしいって。超法規発言で金丸のバカが……」

おどけたように手刀で自分の首を切ってみせ、続けた。

「今回もハマダのバカが……あいつら自民党の立場を忘れとるんじゃないか」

こんどは田母神俊雄《たもがみとしお》・前航空幕僚長の話題だった。ハマダとは浜田靖一《やすかず》・防衛大臣のことだろう。田母神氏が「我が国が侵略国家だったなどというのは正に濡れ衣である」などと政府見解に反する意見を論文で発表して更迭されたのは記憶に新しい。二〇〇八年一一月のことだ。

同意を求めるような口調でG氏は言う。

「自衛隊をまだまだ継子《まま こ》扱いする。何も村山談話（注）を批判したわけじゃなくて……あれは談話であって、個人の考えでしょ……と思いますよ」

見学が終わり、一行は出口のほうへ向かう。昼を知らせるラッパが鳴っている。制服を着た自衛官がＧ氏に敬礼をしていく。

建物の間から緑色のカマボコ屋根が見えた。あれが「はなむけ」事件の現場なのだろう。見学の間、事件のことは一言も出てこなかった。Ｇ氏から何か聞けるかもしれない。話のきっかけをつくるつもりで尋ねてみた。

「あれが体育館ですか」

「そうですね」

期待ははずれた。Ｇ氏は短く答え、それきり会話は途切れた。

Ｂさんが運ばれたときと同じ航路で島を後にする。穏やかな瀬戸内海にフェリーの船体がざわざわと波をたてている。彼はどんな状況で搬送されたのだろう。付き添ったであろう隊員らの表情は。いったいどんな会話がなされたのか。がらんとした船内で取りとめもなく思考をめぐらせる。

――Ｂさんの実家を訪ねたときの光景が思い出された。特別警備隊の同僚と写ったＢさんの遺

呉基地に停泊する海上自衛隊の艦艇。右端が特別警備隊を乗せてソマリア沖へ出航した護衛艦「さざなみ」

影を指して母親がこうつぶやいた。

「本当にいい子たちなんですよ……」

遺影の前の悲痛な光景と交錯するように、別の言葉が脳裏に浮かんだ。

「死は鴻毛《こうもう》よりも軽し」

かつて軍幹部が若者に叩き込んだ軍人勅諭《ちょくゆ》の文句こそが、江田島の印象を表現するのにもっともふさわしかった。

二〇〇九年三月一四日、特別警備隊の隊員らを乗せた護衛艦「さざなみ」と「さみだれ」が、海賊に対処するためソマリア沖に向けて呉を出航した。岸壁では「軍艦行進曲」（軍艦マーチ）が演奏された。自衛隊法の海上警備行動、すなわち海上における「治安出動」という法的にはきわめて疑問の残る形での船出だったが、野党も世論も待ったをかけるだけの力はなかった。死者の発生を想定して、護衛艦には遺体安置所が設置された。意識不明のBさんを運ぶ機会のなかった哨戒ヘリコプターも搭載され、「海賊船」の見張りに使われている模様だ。

その後二〇〇九年六月中旬、「はなむけ」事件にかかわった教官の2曹ら隊員四人が業務上過失致死容疑で書類送検された、と短く報じられた。そして同月下旬には、より広い条件での武器使用を可能にした海賊対処法が、参議院でいったん否決されながら衆議院の再議決で成立、海上自衛隊をめぐる情勢はきな臭さを増している。

（注）一九九五（平成七）年八月一五日、当時の村山富市首相は閣議決定を経て次の談話を発表、日本の過去の侵略行為について公式に謝罪した。

〈わが国は、遠くない過去の一時期、国策を誤り、戦争への道を歩んで国民を存亡の危機に陥れ、植民地支配と侵略によって、多くの国々、とりわけアジア諸国の人々に対して多大の損害と苦痛を与えました。私は、未来に誤ち無からしめんとするが故に、疑うべくもないこの歴史の事実を謙虚に受け止め、ここにあらためて痛切な反省の意を表し、心からのお詫びの気持ちを表明いたします。〉（一部。外務省ホームページより）

2 虐待される女性自衛官

※「飛び降りてやる」

北海道東部のQ市は濃い霧につつまれていた。二〇〇八年九月某日。薄暗い居間で座卓を前に背中をまるめ、吉村広子(二〇歳、仮名)の母は嘆息まじりに言う。

「わたしが無理にすすめたから悪かったんです。自殺しなかったからほんとうによかった。連れ戻しに行かなかったらどうなっていたかわかりません……」

広子が道内の陸上自衛隊に入隊したのはこの年の春である。無事にやっているだろうと母は信じていた。その娘から取り乱した声で電話がかかってきたのは二カ月ちかくが過ぎた五月下旬の夜だったという。

「つらい、たたかれる、やめたい……」

娘は泣いていた。

最初だから辛いのだろうと母は思った。だから、慰め、励ました。だが電話はたびたびかかってきた。ある晩は、ほとんど悲鳴だった。

「やめたい。やめさせてくれなかったらここから飛び降りる。そういって叫ぶんです。半狂乱でした。叫ぶだけ叫ぶと一方的に切れました。宿舎は三階にあるそうです。もうびっくりして、これは大変だと……」

すぐにでも駆けつけたかったが、広子のいる駐屯地までは三〇〇キロ以上も離れている。はやる気持ちで部隊に電話をかけた。

「いまさっき、娘が半狂乱で電話をかけてきたんです。様子がおかしい。飛び降りたいと言っているんです」

「そんなことを言っているんですか。わかりました。よくみておきます」

電話口に出た上司の幹部自衛官は落ち着いた様子で答えた。その言葉を母は信じていた。

母が部隊を訪れ、広子に会えたのは六月にはいってからだった。娘は会うなり「死にたい」「やめたい」と繰り返した。別人のようにやせていた。母は衝撃を受け、そのまま広子を車に乗せて引き返す。その日から自衛隊は休職扱いとなった。

実家にもどった広子は二階の自室に引きこもってしまった。二カ月前までの笑顔は消えていた。「自衛隊」という言葉を聞くだけで体をこわばらせた。

「口をあけてパクパクするだけ。しばらくは筆談でした」

母は言う。声を出すこともできなくなっていたのだ。

すこし日がたつと、声を出せるほどには回復した。だが不安定な精神状態は相変わらずだ。

「死んでやる」

そう繰り返した。机の引き出しから遺書めいた文章がみつかり、とうとうある日、手首を刃物で切って自殺を図った。幸い傷は浅かった。入院した病院で「心因反応」と診断された。

「原因は職場のパワハラだろう」

医師は言った。

心身ともに落ち着きを取り戻したのは自宅療養をはじめて数カ月後。ぽつりぽつりと娘の口から出てくる自衛隊の実態に、母は驚くばかりだった。

※ほかに仕事がない

「たたかれたり髪を短く切られたり。自衛隊はひどいところだと友達から聞いていたから」

母親にかわり、かぼそい声で広子が話す。華奢な顔つきにあどけなさが漂う若者だ。地元の高校を卒業後、一般隊員の枠で自衛隊に入隊した。積極的にはいりたかったわけではない。むしろいやだったという。

女性自衛官が上官から虐待を受けたという北海道の陸上自衛隊駐屯地

以下は彼女の証言である。

いやだった自衛隊を選んだのは、ほかに仕事がないからだった。北海道東部の過疎地にあって、高卒の身で働ける場所は限られている。実家は運送業を営んでいるが、折からの不況と燃料高で苦しい。自衛隊はきちんとしているし勉強もできるらしい、と母は勧めた。

体力に自信のあるほうではない。それでも試験を受けたら合格した。何年かしたらやめよう、その間は我慢しよう。ある程度の厳しさを覚悟して入隊したつもりだった。

入隊すると教育中隊に配属された。新人教育部門である。基地内の宿舎で寝泊りしながらの生活がはじまった。猛烈な忙しさに、まず面食らった。洗顔や歯磨きもできない有様なのだ。

朝六時起床、着替えて点呼。朝食を一〇分でとる。ベッドメーキング、ランニング。装具をつけて朝礼の場所へと走る。集合に遅れると教官が怒鳴った。新隊員が室外に出ている間に上官が部屋を点検してまわる。敷布に少しでもシワがあると全員のベッドから敷布や毛布をはぎとり、マットもひっくり返して放り出した。朝の作業が終わると、自衛隊法などの座学、教練、装備の取り扱いに関する練習が待っている。午後六時の業務終了まで分刻み。作業にもたつくと居残りをさせられた。居残りになると時間がますますなくなってしまう。

広子が特に苦手だったのは八九式小銃の分解と組み立てだった。分解はできるようになったが、結合が難しい。

「おまえ、やる気あるのか」

罵声のなかで部品と格闘した。

過労・ストレス・睡眠不足——どの隊員も疲労困憊していた。講義を聞いていると、つい眠くなる。ある日の講義で、とうとうひとりの女性隊員が居眠りをした。監督をしていた男の上官が見とがめ、消しゴムを力いっぱい投げつけた。そして怒鳴った。

「自分より偉い人が話しているのに、寝ているとはどういうことだ」

消しゴムは〝目標〟をはずれて飛んでいった。自衛隊にくるんじゃなかった、と後悔の念がわいてきた。

夜は、制服や作業服のアイロンがけ、靴磨き、部屋の掃除に追われる。軍靴を鏡のように光るまで磨く。服のシワも完璧にのばす。広子の所属する隊には女性新人隊員が約三〇人いた。それに対してアイロンは六個。奪い合うような状態だった。

どの作業でも手抜きは許されない。ひとりでも合格が得られないと「連帯責任」で全員が制裁を受けた。制裁の定番は「腕立て伏せ」だ。靴紐の結び方が違っても部屋にゴミが落ちていても腕立て伏せである。一セットが三〇回から四〇回。脱落者が出ると全員でやり直し。いったいどんな意味があるのか。苦痛に耐えながら広子は疑問に思った。そんな気持ちを知ってか知らずか教官は言った。

「言ってもわからないのなら、体でわからせなきゃいけないんだ。だから腕立て伏せをやるんだ」

無論、納得がいくはずもない。

猛烈な一日がようやく一段落するのは夜一〇時ごろ。消灯は午後一一時だが、一五分前には布団に入っていなければならない。したがって安らぎの時間はものの四〇分もない。つかの間の自由時間で、家族に電話をかけたりテレビを観たり、同僚と話したり。広子も母に電話をかけた。涙が出た。

「みんな泣いていました。一日じゅう怒鳴られっぱなし、くたくたです。教官は『おこられ慣れろ』と言うんですが、そんなこと言われても……」

職場の空気は暗かった。消灯後は当直隊員が見回りにきた。私物を入れる引き出しにカギがかかっているか点検するのだ。かけ忘れた者がいると叱責と腕立て伏せが待っていた。

※班長の殴打

教育中隊のなかで女性新人部隊は一〇人ずつ三班にわかれていた。うち二班は女性隊員が班長を務め、残る一班だけが男の班長だ。Kという三〇歳ほどの男性3曹で、広子は彼の班に属していた。

「やる気ないなら帰れ」

K班長は四六時中怒鳴った。口だけでなく頻繁に殴った。だから班員のだれもがKを恐れた。

広子がはじめてKに殴られたのは、入隊後一週間ほど経った休日の夜だったという。広子がいきさつを説明する。

「新人の悩みを聞いてくれていた女の一年先輩がいたんです。年齢もほとんど変わらず、友達感覚で話せる人だなと思っていました。その先輩と交換日記をすることになったんです。『対話帳』というものです。なんでも書いていいと言われたので、いろいろ悩みを書きました。自衛隊はつらい、とか。書いているうちに涙がでてきました。同じ部屋にいたほかの子にも見せてあげました」

対話帳につかう大学ノートの表紙に、広子はタイトルを書くことにした。

『T絵ちゃんと広子』

親しみをこめてそう記した。先輩隊員にノートを渡すと、彼女は何も言わずに受け取った。

広子が放送で呼び出されたのは夜半のことである。心当たりがないまま教官室に入ると、K班長が待っていた。すこぶる機嫌が悪そうだ。机の上を見ると例の対話帳が置かれている。

「なんだこれは」

Kは大声をだした。なにが問題なのか広子には理解できない。返答に困っていると、再び怒鳴られた。

「『T絵ちゃん』とはなんだ、バカにしているのか」

ようやく理解できた。ノートの表に書いた言葉がマズかったのだ。

「すみません」

広子は謝った。だが班長の怒りは収まらない。腕をつかんで教官室を出ると宿舎の部屋に連行し、同僚たちがいる前でひとしきり罵声を浴びせた。それでも足りずに、再び教官室に場所を移して難詰が続いた。

「なんだこれは」

Kがわめく。広子は何か言おうとした。だが恐怖で言葉が出てこない。

「どういうつもりなんだ」

「……」

どう説明していいかわからない。頭が混乱した。

Kがノートを振り上げ、硬い背の部分で広子の頭をたたいた。思いきり数回たたくと、力まかせにノートを引き裂いた。広子の華奢なアゴを男のごつい手がつかんだ。目の前で何か叫んでいる。気が動転して耳に入らない。

——解放されてからも恐怖と衝撃は容易に消えそうになかった。同僚の新人隊員が慰めてくれたが涙がとまらない。

「自分が不注意だった」

先輩の「T絵」もわびた。

「もうやめたい」

広子は言った。

「やめないで……」

T絵は懸命に引き止めた。

ノートの一件から、K班長への恐怖は決定的なものとなった。女性が班長をやっている隣の班がうらやましくて仕方ない。

やがて五月の連休をむかえ、科目に「戦闘訓練」が加わった。生活はいっそう過酷になる。

「小銃をもって敵に向かっていって、撃つんです。そのやり方が何とおりもある。覚えなきゃいけない。体力的にもきつくて、いつもふらふらでした」

訓練の激化とともにKの暴力もエスカレートする。

「やる気があるのか」

疲労困憊している隊員の頭を手でたたいた。広子も数えきれないほど殴られた。

体調がどんなに悪くても容赦はない。ある朝、広子は強い頭痛にみまわれた。それでも休ませてはもらえず、数十キロの歩行訓練に参加した。とうとう訓練の途中で倒れてしまった。過呼吸だった。休養したかったがKは認めない。翌日になると訓練をさせられた。

Kの顔を見ただけで胃が痛んだ。頭痛がおさまる気配もなかった。

※上司に相談すると報復

ついにある日、広子は意を決して隣班の女性班長に悩みを打ち明けた。

「K班長が恐ろしい、たたかれるんです……」

女性班長はまじめな顔で聞いてくれた。だが相談の「効果」は予期せぬ形で現われる。

「話したいことがある」

ほどなくして広子はK班長に呼びつけられた。

「おまえたちに裏切られた」

Kは不満そうに言った。

「わたしは班長が怖いんです。怒鳴るし叩くから……怖くてお腹痛くなります」

恐怖をこらえながら広子は答えた。

「これがたたいているってことか」

はたくようにKの手が広子の頭を殴りはじめた。

その夜、広子は嘔吐した。就寝直後から未明まで繰り返し吐き続けた。

「訓練についていけないわたしが悪いんだ」

吐きながら広子は自分を責めていた。

吐き出したものには血が混じっていた。それを先輩の女性隊員が発見したのは幸運だったといえる。病院にいくよう手配がなされ、訓練を休めるようになったからだ。

別の女性隊員の場合は、頭痛など不調を訴えていたにもかかわらず、いっさい休めなかった。彼女もK班長を恐れていた。ふさぎこみ、食事がのどを通らないほど衰弱していた。そんな彼女をKは怒鳴りつけた。

「訓練に出ろ、出れないのか」

足をひきずるようにして彼女は訓練に出た。何度も倒れた。そんなことが続くうち、いつしか彼女は自衛隊を去っていた。

彼女に比べれば広子はまだマシだった。しかし、休んでも嘔吐はとまらない。終日ベッドで横になってすごした。K班長の機嫌は悪い。

「二五キロ歩行できるのか、できないのか」

連日、訓練参加を迫ってきた。訓練どころか動けないのだ。広子は事情を訴えた。

Kが点呼の当直に入っていた夜、「事件」は起きた。広子は相変わらず嘔吐を繰り返しており、起き上がることもままならない。

体調不良と精神的ショックの影響で広子の記憶は断片的だ。

「具合が悪くて点呼に出られない。そう言ったらK班長はわたしを無理やりベッドから引きずり出したんです。意識が朦朧としたまま廊下でうずくまっていました……」

K班長はいったん点呼の場所へ行き、しばらくすると戻ってきた。そして廊下にいる広子を見て癇癪を爆発させた。

「おまえみたいなのはこのまま廊下に座っていろ、そう怒鳴って硬い帽子でわたしの頭を激しく殴りつけました。何回殴られたか覚えていません。気がついたら廊下にひとりでうずくまっていて……消灯を三〇分もすぎていました」

このときの体験は強いトラウマとなって広子の心に刻まれる。

※「その事実については、ありません」

「上司の暴力が原因で病気になった。自衛隊に責任がある」

当然のことながら母親はそう考えた。しかし、自衛隊側は暴力の事実を否定した。

「上司に直接ただしたこともありました。でも、殴っていません、殴っているのがわかったらボクも責任とってやめます、と言い張る。こっちは証拠がありませんから……」

母は言う。

「寝てて給料もらったらだめだ、とまで言われて自主退職をうながされました」

責任を認めるどころではない。

広子が自衛隊をやめたくなったのは事実だが、納得しがたかった。精神的にも肉体的にも深く傷つけられた挙句に、働けなくなったから「自己都合」退職というのは理不尽だ。

「殴られたと言っているんです。調べてください。娘が病気になったのは職場の問題としか思えないんです」

部隊の上司に母は繰り返し訴えた。

「殴っていない」

説明は変わらなかった。

広子は「殴られた」と訴え、自衛隊側は「殴っていない」と断言する。真相はどうなのか。わたしは、部隊で人事を担当する幹部に直接事情を聞く機会を得た。

三宅　暴力をふるわれた、と言っていますが。
幹部　その事実については、ありません。
三宅　調査されたのですか？
幹部　はい。
三宅　たたかれて精神的に体調を崩し、勤務できなくなったと言っている。
幹部　たたいたところまでは確認していません。
三宅　本人と家族が言っているんですが。
幹部　たしかに家族のほうから連絡いただきました。ちゃんと調べてくれと。で、連隊自体も確認しております。
三宅　調査の責任者は？
幹部　連隊の総務課長ですかね……。

「調査をした」と幹部は言う。どんな「調査」なのか。質問を続けた。

三宅　広子さんが自殺を考えるまで追い詰められたというのはご存知ですか？

幹部　はい。

三宅　単にたたいたとか、たたかなかったという問題ではないと思うが。

幹部　はい。そのことで……いろいろありますので……。

三宅　いや、きちんと調査をしたのかどうか。していれば文書になっているはず。なっていないのなら……。

幹部　そういう事実がないですからね。

暴力は懲戒処分の対象になる。処分をするには調査が必要で、被害者である広子からの事情聴取は欠かせない。だが、広子によれば事情を聴かれたことはないと言う。一方の当事者であるK3曹の話だけで「殴っていない」と断定するのだった。

※下書きされた退職願

病気休暇は九〇日で切れる。普通の隊員はもっと長い間休むことが可能だが、広子は隊歴が半年に満たない「条件付採用」という不安定な立場にあった。したがって病気休暇も短い。

病気休暇が残り少なくなった九月はじめ、部隊の人事担当者から広子のもとに次のような趣旨の通告があった。

〈――このままだと免職になる。免職になれば再就職にも不利になる。退職金（手当）は出ない。自己都合で依願退職したほうがいい〉

これを広子らは言葉どおりに受け止めて動揺した。

法令に照らしてみると通告には疑問が多い。懲戒処分を受けるわけではないのだから「不利になる」というのはおかしな理屈である。また条件付採用の場合、もともと退職手当はない。職務上の病気やケガについては「公務災害」という労災に相当する手続きがあるのだが、それについての説明はなかった。

通告に続いて部隊から書簡が届いた。封筒を開けると退職届が入っている。鉛筆で薄く下書きがしてあった。

〈退職届　依願――団体生活に馴染めず、ストレスから、体調不良で長期療養し、今後の訓練についていく事が不安な為退職を希望します〉

「退職者調査票」という書類も同封されていた。傷病の原因を示す欄に「公務」「非公務」という活字が印刷してある。ここも鉛筆で薄く「非公務」にマル印がつけられていた。広子は、鉛筆書きをペンでなぞり、氏名など必要事項を書き込むと部隊に返送した。自衛隊は忌まわしい記憶に満ちていた。一日も早く縁を切り、忘れてしまいたかった。

退職届は受理された。ほっとするはずが、わだかまりは消えそうになかった。暴力を振るったK班長の責任がなぜ不問にされるのか。

言いたいことだけは言っておこう――

広子は、いったん提出した退職者調査票を撤回して、退職理由を訂正する決心をする。コピーをとっておいた調査票に次の一節を書き加えた。

〈直属上司から頻繁に暴力や暴言があり、多大な苦痛を感じていたところ、心身に変調をきたし、任務継続が困難になったものである。人事担当者より「九月×日付けで免職処分になり、このままでは退職金がでない。再就職にも不利になる」などと依願退職を勧められたため、それに従った〉

「非公務」につけた○印を消し、「公務」の活字をボールペンで囲んだ。「公正な調査を行ってほしい」と母は手紙を書き添えて部隊に送った。

自衛隊法施行規則第六八条は定めている。

〈何人も、隊員に規律違反の疑があると認めるときは、その隊員の官職、氏名及び規律違反の事

実を記載した申立書に証拠を添えて懲戒権者に申立をすることができる〉

手紙はK班長に対する懲戒処分の申し立てだった。

さらに数カ月がすぎた。Kの処分はなかった。代わりに流れてきたのは噂である。広子がいた部隊で二〇歳代の男性士長が宿舎から飛び降りて自殺したという。士長は陸曹候補生で、数カ月間の教育期間中だった。「追いつめられていた」との情報もあるが真相はわからない。

この駐屯地に所属する幹部自衛官は嘆く。

「人を大切にしようという意識が薄いんです。自殺者がでて、ことが起きてからメンタルヘルスだと騒ぐ。そんなことばかり繰り返しているのが実態です。人事担当者だって、わかっていても上にお伺いをたてないと何もできない。官僚も幹部も現場を見ろといいたい」

二〇歳の吉村広子は自衛隊に深く傷つけられた。それでも命が助かっただけ、運がよかったと言うべきなのだろう。

3　営内班暴行事件

※「都合の悪いことを書く人には協力できません」

〈被処分隊員の所属する駐屯地所在・近傍の記者クラブ等に公表することを原則とする――〉

「懲戒処分の公表基準」について出された陸上幕僚長通達の一節である。二〇〇八年三月某日、九州地方の陸自駐屯地で起きた懲戒事件を取材していた際、陸上幕僚監部広報室の幹部自衛官がこの「基準」を持ち出して言った。

「報道発表文をお渡しすることはできません。情報公開請求してください」

発表資料はすでに地元の記者クラブに投げ込まれて「公表」ずみだった。短い記事にもなっている。いまさら隠す理由がわからなかった。情報公開請求をすると、防衛省の場合、どんなに早くても一カ月は待たされる。

「時間がないから提供してほしい」

防衛省に情報公開請求して入手した懲戒処分の報道発表資料。2007年度だけで700件以上もあるが、これでも一部だという。

そう訴えたが幹部は頑なで、とうとうこう言った。

「都合の悪いことを書く人には協力できません」

露骨な取材妨害だった。途方に暮れた挙句、どうせ手間と暇・カネ（手数料）をかけるのならと、二〇〇七年度一年間に防衛省が発表した報道文のすべてを情報公開請求することにした。

ＪＲ四ッ谷駅を降りて東京都新宿区市谷本村町の防衛省本省に行く。受付で「情報公開室に行きたい」と伝えると職員が迎えにきてくれた。一緒に構内に入り、情報公開室まで歩く。カウンターに座って所定の請求用紙に氏名住所をしるし、請求の内容を書く。

〈懲戒処分に関するピンナップ資料。二〇〇七年度分すべて、陸上自衛隊〉

同様のものを海自と空自についてもつくり、それぞれ三〇〇円の収入印紙を貼って提出した。あとは結果連絡を待つだけだ。

追加の請求分も含めて、一年分の報道発表資料すべてがそろうまでには都合数カ月を要した。開示された発表資料は合計で七六五枚（七五九件分）もあった。処分者数は八九一人。「個別の事情により」発表していない懲戒処分もあるとのことで、これでも処分の一部なのだという。後に防衛省が発表したところによれば、二〇〇七年度は一二六六人が処分された。一二六六人―八九一人の差し引き三七五人分が未発表という計算だ。

特にきまった取材の狙いはなく、先述したようないきがかりから半ば思いつきで入手した報道発表文の束だが、結果はちょっとした収穫だった。

八九一人の処分のうち、もっとも多いのが「正当な理由のない欠勤」や「不正外出」、いわゆる脱走だ。自衛隊では旧軍来の表現で「脱柵《だっさく》」という。脱柵による処分者は二七二人（不正外出の幇助なども含む）。これほど脱走者がいるとは知らなかった。隊の生活に嫌気がさして辞めたくなったケースが大半で、ほとんどは一日から一カ月以内にみつかっている。だが半年以上も行方がわからないまま免職になった隊員も七人いる。

脱走が続出する一方で目を見張るのが暴力だ。殴る蹴るといった暴力沙汰で処分を受けた隊員は年間で八四人。うち部隊内で暴力事件を起こした者が六〇人。発表文には事件のあらましが書いてある。例えば、

▽指導名目で殴打して鼓膜裂傷を負わせた。
▽後輩の言動に立腹して殴打して顔を骨折させた。
▽同僚と口論になりイスで殴打した。
——などだ。

イージス艦「きりしま」内で、酔った隊員が、寝ている後輩の顔を二〇発ほど殴って負傷させた。陸上自衛隊34普通科連隊（板妻駐屯地）では、３曹隊員三人が後輩二人に対し、拳やテニスラケットで殴打する暴行を何年にもわたって繰り返していた。被害者は顔を縫うケガをした。

民間人を巻き添えにした暴力事件でも二四人が処分されている。
▽コンビニ店で客を殴り鼻骨を骨折させる。
▽通行人をビリヤードのキューで殴った。
▽酒場で客とケンカになり包丁を持ち出した。
これらはほんの一例だ。酒の席での暴力沙汰が目立つ。見ず知らずの女性を力ずくで襲った連続強姦事件も起きている。

どれをみても痛々しい事件だが、隊員の処分はほとんどが一カ月以内の停職どまり。ほかの公務員や民間会社と比べて軽い印象は拭いきれない。

発表文に書かれた事件の内容は、ごく簡単なものだ。公表の裏に何が隠れているのか。上官の暴力で負傷した経験を持つ元自衛官に聞いた。

※やる気で入った自衛隊

ローカル線の駅前にある喫茶店は土地の者らしい年配の男たちで騒がしかった。秋の西日が差しこみ、タバコの煙が立ち込めている。

「父が軍隊好きで、その影響で僕も陸軍というものにあこがれていました。自衛隊に入って体力をつけて。できれば狙撃手をやってみたいと思っていたんです」

元2等陸士の田中次郎（仮名、一九歳）は、運ばれてきたコーヒーの前で姿勢を正すと、話を切り出した。

高校を出て陸自に入り、教育隊を経て静岡県内のC駐屯地に配属された。その直後の二〇〇七年一〇月三一日深夜、「営内班」と呼ばれる宿舎のなかで、田中は上官から殴る蹴るの暴行を受けたという。眉付近を切り奥歯二本を折った。

「こんなひどいことがいまだに横行しているなんて。鉄拳制裁は戦争中の話だと思っていました。信じられない気持ちです」

事件をふり返って田中は言う。

教育隊のころは暴力などいっさいなかった。教官は、厳しいが優しい人間味のある人物だった。

C駐屯地では戦車部隊の中隊に入り、雑用ばかりをやらされていた。楽ではなかったが、「早く仕事に慣れてがんばろう」と前向きな気持ちだった。

一〇月三一日は、いつものように午後五時に仕事が終了、夕飯を済ませてから風呂に行き、雑用を片づけ、午後七時半ごろに営内班の自室に戻った。営内班の部屋は四人で使っている。同室者は、同僚の北見伸一郎2士（仮名、一九歳）と二人の先輩士長。この夜は士長のひとりが外出中で、部屋には三人が残っていた。それぞれ自分のベッドに腰掛けて本を読んだりテレビを見ていた。

上官二人が現われたのは午後一〇時近かった。E士長（二五歳）とJ1士（二三歳）。二人とも顔が赤い。酒を飲んでいるようだ。部屋の入口付近で立ったままでいる。何をしにきたのか、はじめはわからなかった。

そのうち就寝前の点呼を取りに当直の隊員がやってきた。

「異常ないか」

「異常ありません」

確認を終えると当直隊員は立ち去った。

営内班で上官２人から暴行を受けた様子を再現する元自衛官

見計らったように入口の二人が部屋に入ってきた。

「正座しろ」

最初に怒鳴ったのはJ1士だった。部屋の中央付近を指差している。田中と北見に対し、床に座るよう命令しているのだ。理由がわからないまま二人は従い、並んで床に正座した。目前にJ1士が立ちはだかった。E士長は傍らのベッドに腰を掛けて二人をにらんでいる。

「お前ら、態度が悪い」

Jの怒号が飛んだ。

「はい。すみません」

反射的に謝った。

「声が小さい」

頭上から罵声が浴びせられた。

※「血いだしやがって」

ベッドの上からEが尋問をはじめた。

「お前ら、四人いる〝一個上の先輩〟の名前わかるか」

北見2士が答えはじめた。

「○さん、×さん……」

だが、二人まで言ったところで詰まってしまう。三人目の名前がでてこない。田中も考えたがわからなかった。C駐屯地にきて一カ月も経っていない。顔と名前が一致しない先輩が何人もいた。

「あと二人の名は？」

J1士が語気を強める。意を決したような表情で北見が言った。

「〝一個上の先輩〟とは、年ですか、それとも階級ですか？」

年季の序列か、それとも階級か。素朴な質問が上官の癇に障った。

「質問を質問で返すんじゃねえよ！」

Jが足をあげ、北見の左肩を蹴った。後ろに倒れかけた北見は、背後に手をついた。そして再び聞いた。

「いや、一個上とは年か階級かわからないのですが……」

「そんなの関係ねえよ！」

怒鳴り返したのはE士長である。ベッドから立ち上がり、大股で近づいてくると北見を蹴り倒した。北見は完全に横倒しとなった。その腹をEの足が蹴った。くりかえし蹴っている。みぞおちに命中したのか、うめき声がした。歯を食いしばり、腹を抱えて、北見は苦痛に耐えている。

そのTシャツの襟をEの手がつかみ、力まかせに床を引きずった。シャツが裂ける音がする。

Eは北見の腹の上にまたがり、両手で首を絞めはじめた。

「ごめんなさい、ごめんなさい」

北見はもがきながら謝った。歯ぐきに血がにじんでいる。

「苦しいか」

笑みを浮かべてE士長が言うのが聞こえた。数十秒は経っただろう。声がしなくなったころJ1士が止めに入った。解放されたとたん、北見はぐったりと倒れ込んだ。

暴行致傷事件が起きた陸自C駐屯地

田中は戦慄した。部屋を出て通報すべき事態ではないのか、とも思った。だが体が動かない。不気味な沈黙が訪れた。
北見2士は少し正気を取り戻したらしく、横にきて正座した。苦しそうだった。目の前には二人の上官が立っている。
J1士の視線が田中のほうを向いた。次の瞬間、怒号と同時に肩を蹴られた。よろけて手をつく。姿勢を立て直そうとしたとたん、強い衝撃を右の眉付近に受けた。意識がかすむ。
「あーあ、血いまで出しやがって」

床の上で田中はEの声を聞いた。Eが顔を蹴る。また蹴った。

——どれほど経っただろうか。暴行はようやくおさまった。田中が起き上がるとJ1士がにやけた表情で言った。

「指一本いっとくか。なあ?」

本当にやりかねない、と田中は恐ろしかった。

「俺もこうして教えられてきたから。俺は悪いとは思ってねえから」

J1士はそう言い残し、E士長とともに部屋を出て行った。

しばらく呆然としていた。ふと傍らを見ると、飛び散った血がベッドのシーツについていた。

同室の士長は、何ごともなかったかのように自分のベッドでくつろいでいる。

洗面所に行き、鏡をみた。右の眉から出血している。水を出してこびりついた血を洗う。悔しさがこみ上げてきた。消灯ラッパが聞こえたが、部屋に戻りたくはなかった。

電灯が消えて真っ暗になった。窓から外を眺めていると北見2士がやってきた。ケガの具合はどうだ、などと短く言葉を交わした。

同室の士長が様子を見にきた。

「わからないことがあったら聞け」

士長は〝一個上の先輩〟の名前を教えてくれた。E士長らの暴力については何も言わなかった。

※ジュージャン

混乱する頭で田中は暴行の理由を考えた。思い当たることがないではない。〝ジュージャン〟である。

中隊所属の陸士（2士、1士、士長）隊員は十数人いる。彼らは何かにつけて一緒に行動するのが常だった。仕事が終わると全員で風呂に行き、全員で浴槽の掃除をやり、全員で売店に行く。売店ではじゃんけんをして、負けた者が全員のジュースやアイスクリームを買う。この慣習が「ジュージャン」だ。勝てばおごってもらえるが、負ければ全員分をひとりで払う。田中も一度負けて一〇〇〇円以上を出費した経験がある。

田中と北見も、いつもならジュージャンに参加する。嫌でも参加しなければならない半強制のしきたりのようなものだ。ところが事件の日は事情が違った。中隊長室の掃除当番になっていたのだ。就寝前の時間を使って中隊長室の灰皿を掃除したりゴミを拾う。作業には一時間以上かかる。皆と売店に行く時間はない。

この夜、田中と北見は、風呂掃除を済ませると陸士グループから離れて中隊長室に向かった。残りの陸士たちは売店へ。

「部屋掃除に行ってまいります」

集団を離れる際、二人は営内班長であるC3曹にそう告げている。しかしE士長らには不満だったようだ。暴行を受けた際、田中はEが話すのを聞いている。

「さっき売店に寄るとき、どうして一個上の人間に言わなかったんだ。何か事情を話すときは一個上に言うと教えただろう」

C班長の階級は3等陸曹。旧陸軍でいえば下士官だ。一方、田中や北見の「2等陸士」は旧軍の二等兵、いわゆる兵卒で、もっとも立場が低い。3曹と2士の間には三階級の開きがある。2等陸士からみて〝一個上〟は1等陸士、二つ上が陸士長、3等陸曹はさらにその上となる。

中隊のなかに1等陸士は四人いた。配属まもない田中と北見は先輩陸士四人すべての名前を覚えていなかった。掃除の件を、〝一個上〟を飛び越えてC3曹に伝えた。その行為が上官の感情を逆なでしたのだ。

絶対的な階級社会と、それに伴う複雑な心理が浮かんでくる。

※告訴取り下げの圧力

い、ことが駐屯地の上層部に知れるのは翌朝になってからである。点呼の際、C班長が田中の顔に目をとめた。

「その傷どうした？」

「……」

言いよどむのを見たC班長は異変を察知した。別室へ行き、内側から鍵をかけて事情を尋ねる。すこしためらった末に田中はいっさいを打ち明けた。

自衛隊内での犯罪や事件を警察にかわって捜査する機関が警務隊である。田中の件で警務隊が捜査を開始したのは一〇日後のことだった。被害者や加害者、目撃者の供述調書がつくられ、現場検証が行われた。

田中の気持ちのなかで、加害者の刑事責任を問うことに迷いはなかった。自衛官としてやってはならないことを彼らはしたのだ。

ところが、捜査が進むうちに不可解なことが起こりだす。ある日、警務隊員のひとりが一枚の文書を見せて言った。

「これに印鑑を押したかい？」

EとJの刑事処分猶予を求める嘆願書のようだ。どういうわけか田中の三文判が押してある。

「いえ、自分で印鑑を押していませんし、初めて見ました」

田中は驚いた。まったく心当たりがない。

「そうかあ、おかしいなあ」

警務隊員は首をひねった。

被害届取り下げの圧力も出てきた。

「実家の親御さんに、加害者と一緒に謝りに行きたい」

中隊長は暗に示談を持ちかけた。刑事手続きが終わっていないのに謝るなんて変な話だ。

「事件が解決するまでは……」

田中は断った。当然だと思った。だが、毅然とすればするほど先輩たちの態度が冷淡になるようだった。ささいなことで怒鳴られる。叱責される。捜査状況を聞きたがる者もいた。

精神的に追い詰められてきた。時おり「死にたい」といった感情もわいてくる。やがてE士長とJ1士が直接示談を求めてきた。

折れた奥歯二本は抜くことになった。インプラント治療で歯を取り戻したいが費用がかかる。カネはない。どうするべきか。

悩んだ挙句、田中は被害届を取り下げて示談に応じる決心をする。和解金の額は、歯の治療費にあてればなくなる程度だったが、やむを得ないとあきらめた。


事件発生から約二カ月がたった二〇〇七年一二月二五日、陸上自衛隊C駐屯地広報班は、地元の記者クラブに、次の発表文を提供している。

〈被処分者両名は、平成一九年一〇月三一日(水)、C駐屯地内隊員クラブで飲酒後、営内居室に

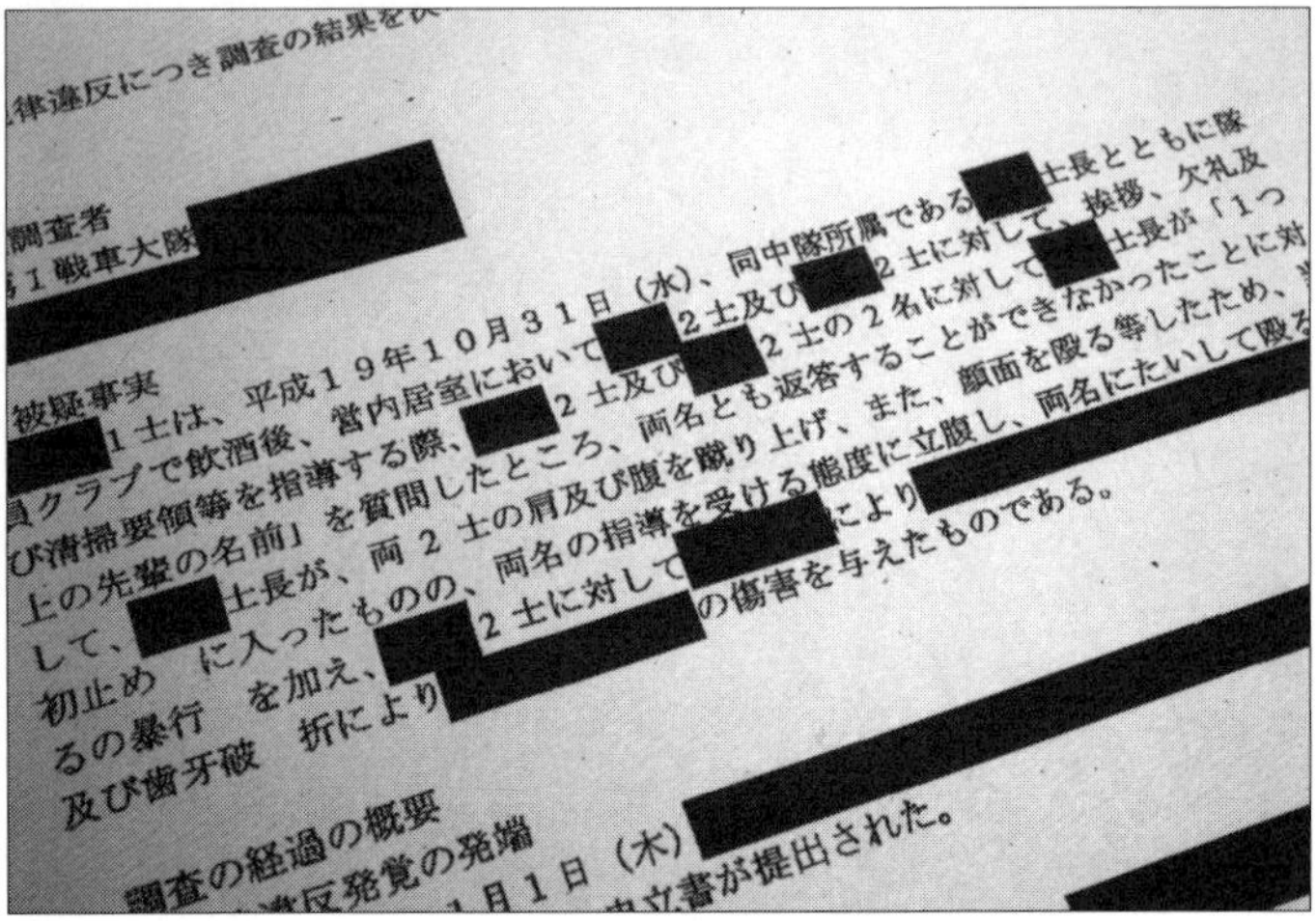

ところどころ墨で塗りつぶされた営内班暴行事件の調査報告書

おいて後輩隊員である2等陸士二名に対して平素の服務態度・清掃要領等について指導していたところ、些細なことから激高し、両被処分者ともに、同隊員両名に対して頭部等を殴打するなどの暴行を加え……〉（傍点筆者）

EとJに対する処分は、それぞれ停職七日間だった。

示談成立からまもなく、田中は実家に戻った。自衛隊には居づらくなっていた。

※臭いものにフタをする組織

新しい仕事は容易に見つかりそうもない。後味は悪かった。

「これでよかったのだろうか……」

割り切れない思いですごしていたある日、田中は、偶然あるテレビ番組を見た。上官のいじめによる自衛官の自殺を追った特集番組だった。遺族が嘆く姿を目の当たりにして衝撃を受けた。

「示談などするんじゃなかった。被害届を取り下げずに起訴してもらったほうがよかった。しっかり責任を取ってもらうべきだった……」

田中の胸にわいてきたのは後悔の念である。

事件の夜、田中は脱柵を考えていた。踏みとどまったのは「脱柵すると捜索隊を出す。捜索には費用がかかる。その費用を本人に請求することがある。だから脱柵はやめろ」という上司の話が頭にあったからだ（注1）。あの夜を境に、自衛隊に対して抱いていたあこがれは不信に変わった。臭いものにフタをしようとする組織の姿を目の当たりにして嫌気がさしてきた。

無職となった田中に自衛隊から「就職援護」の類はない。再就職をしようと試験を受けた先では「自衛隊で何かあったでしょう」と言われて落ちた。暴力被害を訴え出たことが悪い評価として伝わっていたのだった。田中は落胆した。それでも気持ちを奮い立たせて就職活動に取り組んでいる。

「殴られたまま泣き寝入りしていればこんな辛い目に遭うこともなかったのかもしれません。でも後悔はしていない。ドイツには『軍事オンブズマン制度』（注2）というものがあるそうですが、自衛隊にもこういう監視制度が必要です。暴力を働く自衛官の給料を払っているんですから、そのくらいのことはできるはずですよ」

田中は笑顔を見せ、話を締めくくった。

（注1）陸上幕僚監部によれば、自衛隊が捜索費を請求することはないという。だが、同僚や知人が個人的に捜索に協力した場合、請求が行われる可能性は否定していない。脱柵した隊員の相談を受けたある弁護士は、脱柵者本人から「捜索費を請求されている」と聞いたという。

（注2）ドイツ基本法にもとづいて設置されたドイツ連邦議会の補助機関で、議員が選出する「連邦防衛受託官」「防衛観察委員」（Der Wehrbeauftragte des Deutschen Bundestages）が、「部隊監察権」や「文書閲覧要求権」など強い権限をもって連邦軍を監視する。軍隊内の人権侵害の監視にも積極的で、兵士や家族からの訴えを受けて調査を実施して議会に報告する。訴えの件数は年間五〇〇〇件～六〇〇〇件、過去一〇年で五万七〇〇〇件以上。内容は、待遇や福利厚生に関するもののほか、意見表明の自由を求める訴えもあるという。ドイツ軍に対する議会の監視制度については、石村善治著「ドイツにおける兵士の権利と軍事オンブズマン」（『長崎県立大学論集』39巻4号）、畠基晃著「ドイツ国会の防衛オンブズマン」（『立法と調査』二〇〇九年二月号）に詳しい。

※『陸軍残虐物語』の時代

本章の冒頭で触れた陸上自衛隊34普通科連隊がある場所には、かつて陸軍静岡三四連隊があった。田中2士が暴行を受けたC駐屯地にもちかい。俳優の三國連太郎氏は、戦争末期に徴兵され、新兵の二等兵としてこの陸軍三四連隊に送り込まれた。そこでの陰惨な体験は、こんにちの自衛隊を考えるうえで興味ぶかい。新兵いじめの温床だった「内務班」は、戦後の自衛隊で「営内班」と名前を変えた。『週刊金曜日』二〇〇八年八月九日号に掲載した三國氏のインタビュー記事から抜粋して再録する。


――僕らの時代は、軍隊ってのは社会との断絶を意味します。死んで帰るしかありません。家族も死を覚悟の見送りです。「元気でな」なんて言葉はありません。家を出たら、それですべてバイバイ。シベリア出兵の経験がある父親は、未練がましいからと見送ってくれませんでした。

凄惨な新兵いじめを描いた『陸軍残虐物語』（一九六三年、三國連太郎主演）という映画がありますが、これは僕が教育隊にいた三カ月間に経験したことがもとになっています。監督の佐藤純弥や西村晃（鬼軍曹役）など、軍隊経験者が集まって脚本を作ったんですね。便所掃除や内務班の号令のかけ方、幅の太いバンドで殴る、味噌汁をかける、首に靴をぶらさげて古年兵が嘲笑する、「三八《サンパチ》式歩兵銃殿《どの》」といって銃を掲げる、長時間の腕立て伏せ――みんな実体験です。殴られ方が一番うまかったのは僕じゃなかったでしょうか。二等兵でしたから（笑）。

内務班には責任者として下士官が何人かいるのですが、その世話は新兵の役です。食事を運ぶのも新兵がやる。彼らはあぐらをかいて大威張り、殴り役ですから。「整列」といって並ばせて、往復ビンタです。

悔しさよりバカバカしかったですね。何があっても自分だけは生きていくぞと、そういう意識しかありませんでした。命令があれば行軍したり整列も正確にやりました。でも、それは殴られないためであって、お国のためなんかじゃない。もっともビンタは中学時代に上級生から頻繁にやられましたから、軍隊ではそれほど辛くありませんでした（笑）。駆け足で登校しなかったらビンタ。御真影（昭和天皇・皇后の写真）に最敬礼しなかったらビンタ。登校時はゲートルを巻き、配属将校が学校で教練をはじめていた時代でした。

で、そんな教育隊生活を送っているうちに、面会が許されて両親がきました。「これはやばいな」と思ったら、一週間後に中国戦線へ出発です。完全軍装で真夜中に静岡の駅から列車に乗りました。灯火管制で真っ暗でした。

戦地では仲間がおおぜい死にましたね。でも僕は絶対に死にたくなかった。病気になって軍病院に入り、病院下番《かばん》という立場で下働きをやりました。工場を接収してつくった暫定的な病院で、手足を失った負傷兵がどんどん後送されてきました。息がとぎれとぎれの患者をトラックから降ろして病棟に運ぶわけです。「おかあちゃん」と言って兵隊が死んでいきました。

それと、いわゆる「慰安婦」をこの目で見たのもこのころです。漢口市の中山路に軍の慰安所がありました。昼間が兵隊、夕方は下士官、将校が夜。将校だけは日本人の「慰安婦」だったと聞いていましたが、ほとんどは朝鮮の女性でした。僕は行ったことはありません。病気が怖いんじゃなくて、言葉が通じないのが気後れしたんですね。何百人という「慰安婦」の女性たちが、お尻をまくられて性病検査を受けている光景も見ました。強制された形で連れてこられた人たちじゃないでしょうか。

終戦のときは、ちょうど仲間の兵隊と連絡船に乗って、公用で対岸に渡った帰りでした。ピーコロという双発機に見つかって機銃掃射にあったりして、おそろしい思い出は忘れられません。

戦争体験は、遠くなればなるほど痛みに不感症になるようです。瞬間の痛みだけですべてを忘れる、安直な生理が身についていますからね。正直な話、僕らが生きている間だけでも、そういう繰り返しがないようにしてほしいです。一度体験した人は体験者として次の世代を守ってあげる義務がある、そう思うんです。違うでしょうか。

（二〇〇八年七月一四日、都内にてインタビュー）

4　空自暴行失明事件

※失明の事実を伏せた発表文

次に紹介する航空自衛隊小松基地（石川県小松市）で起きた暴行致傷事件も、加害者の懲戒処分が発表された当時は事態の深刻さがわからなかったケースだ。二〇〇七年一一月二日、小松基地は簡単な報道発表文を地元の記者クラブに提供している。

〈私的制裁に関する違反──傷害　平成一九年八月三日（金）、被処分者は同僚隊員に対し、複数回にわたって殴る蹴る等暴行し、負傷させた──停職一五日〉

処分を受けたのは消防小隊所属の3等空曹N（二八歳）。被害者は空士長の小川巌（仮名、二四歳）である。小川が事件を振り返って言う。

「いきなり拳が飛んできて左目にまともに入りました。目の奥でパキと音がするのがわかりました。鼻血がどっと出てきた。普通じゃない、と思いました。さらに柔道の絞め技をかけられた。

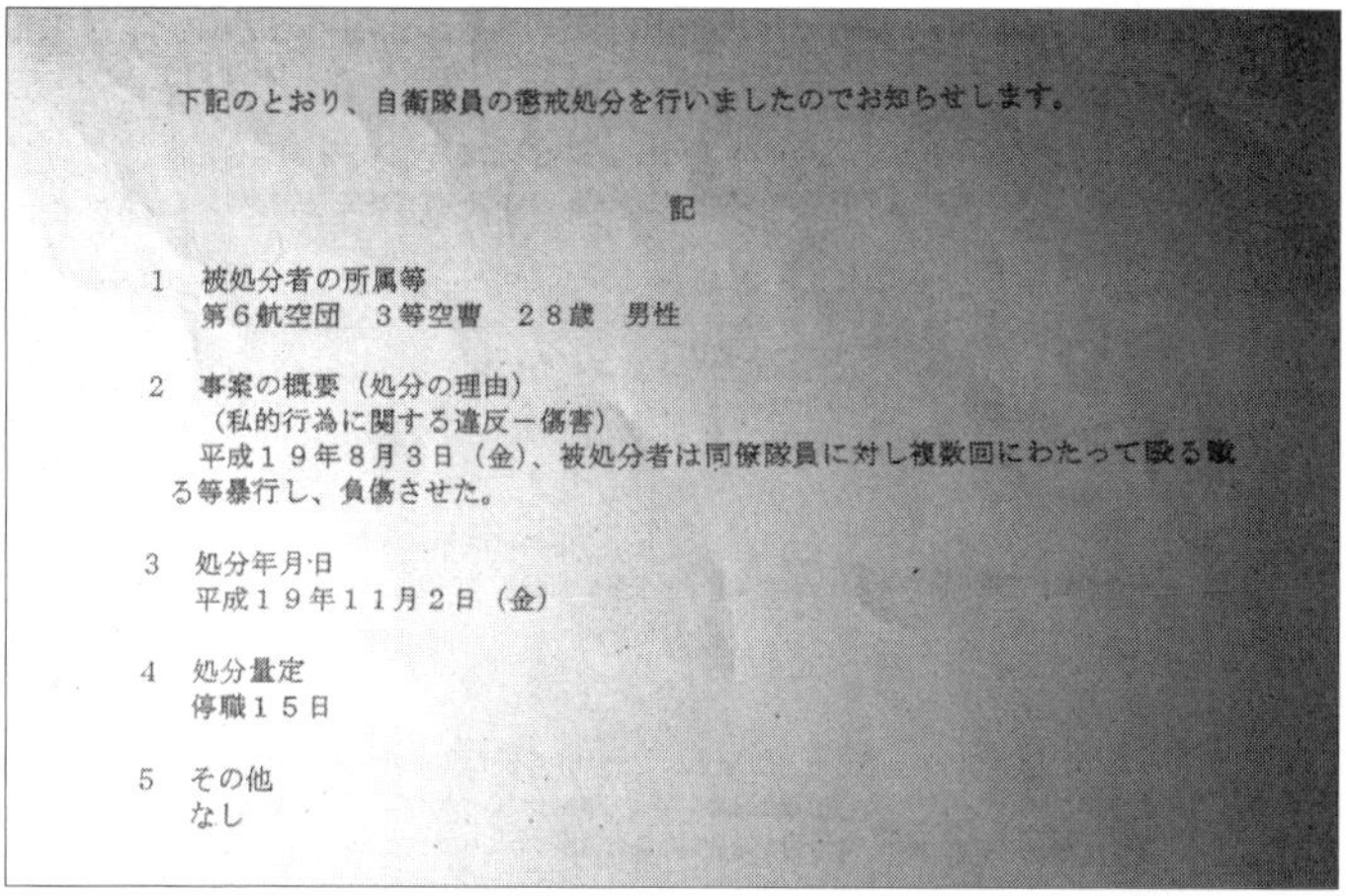

下記のとおり、自衛隊員の懲戒処分を行いましたのでお知らせします。

記

1　被処分者の所属等
第6航空団　3等空曹　28歳　男性

2　事案の概要（処分の理由）
（私的行為に関する違反－傷害）
平成19年8月3日（金）、被処分者は同僚隊員に対し複数回にわたって殴る蹴る等暴行し、負傷させた。

3　処分年月日
平成19年11月2日（金）

4　処分量定
停職15日

5　その他
なし

航空自衛隊小松基地で発生した傷害事件について地元記者クラブに提供された報道発表文。被害者が失明したことや加害者が刑事事件で有罪になったことは書かれていない。

意識が遠のいて、あとは覚えていません」

現場は人気のない基地内の路上だった。深夜一一時前、点呼の時間になっても二人が宿舎に戻ってこないため、付近をさがしていた隊員が異常を発見した。血だらけで仰向けに倒れた小川の腹の上に泥酔状態のN3曹がまたがり、両手で顔を殴っていた。数人がかりで引き離そうとしたが、Nは激高しており容易なことではなかった。離れ際にも小川を蹴ろうとしたという。

「止めてくれたからよかった。あのまま続いていたら死んでいたかもしれませんから」

偽らざる被害者の実感である。

小川は眼窩内壁骨折という重傷を負い、後に左目の視力を失ってしまう。Nは傷害罪で略式起訴され罰金刑を受けた。被害者が失明したことも、Nが刑事事件で有罪になったことも、報道発表文には記載されていなかった。

以下、事件記録や小川の証言をもとにいきさつをたどる。

事件があった日は、夕方から基地を一般開放して「納涼の夕べ」と題する夏祭りが開かれていた。あいにくの雨模様で、盆踊りや歌謡ショーといったイベントは体育館に場所を移して行われた。消防小隊第3分隊に所属する小川は合唱要員として出演した。

第3分隊は七人の隊員で構成される。航空機事故に備えて滑走路脇の部屋で待機するのが主な仕事だ。ほかに基地内の防火設備を点検したり、実際に化学消防車を走らせて消火訓練もやる。

N3曹は同じ第3分隊の所属で、小川の四年先輩にあたる。職場では小川が耐熱服を着てホースを握る役で、Nは消火活動の指揮を取る係だった。事件が起きるまで乱暴なそぶりは見えなかったと小川は言う。ただ周囲には酒癖の悪さを知る者もいた。

酒は、普段は「隊員クラブ」でしか飲めない規則になっている。だが夏祭りの日だけは特別で、体育館内での飲酒が許可された。隊員クラブとは酒類を販売する隊内の厚生施設のことだ。いわゆる旧軍の「酒保」である。

許可の出たこの日、体育館の一角で同僚の隊員らと陽気に酒を飲むNの姿が目撃されている。Nの供述によれば缶チューハイ七、八本を飲んだという。

夜の九時ちかくになり、夏祭りの終了を告げるアナウンスが流れた。小川は体育館の中で後片づけをはじめた。先輩や同僚、後輩も一緒に作業にかかった。

「帰るぞ……」

N3曹が声をかけてきたのは、その最中のことだった。小川とNは、どちらも基地内の営内班に住んでいる。そこへ戻ろうと言うのだ。Nの顔は赤く、かなり酔っている様子がうかがえた。

「まだ片付けが残っています……」

小川は断った。上官らが片付け作業をしているなかで自分だけ帰るわけにはいかない。しかしNは納得しなかった。

「いいんだ、(合唱)要員でがんばった奴はやらなくていいんだ。お前はそこが分かっていない」

よくわからない理由で小川は体育館の外に連れ出された。

※殴打に頭突き

Nの片手には日本酒が半分ほど入った一升瓶が握られている。反対の手を小川の腰に回して、千鳥足で夜の基地内を歩く。

「士長に昇任したのだから、しっかりしないとダメだ……」

ろれつの回らない口調で説教をはじめた。数日前に小川は1士から士長に昇任したばかりだった。先輩の立場でNは士長の「心得」を説いているつもりらしかったが、内容は支離滅裂で理解できない。説教の合間にNは一升瓶の酒をラッパ飲みした。

駐輪場の近くに差し掛かったころ、一旦やんでいた雨が降り出した。駐輪場には屋根がある。その下に入ってやりすごすことにした。説教はまだ続いている。小川は我慢して聞いた。周囲は暗く人影もない。

体育館を出て一時間ほど経っていた。ふと近くを隊員が通りかかった。Nの正面で説教を聞いていた小川は反射的に振り返った。その直後のことだった。

左あごにNの右拳が命中した。間を置かずに左パンチが右あごに入る。右、右、左、左……酒瓶を持ち替えながらNは殴り続けた。柔道の有段者だけあってパンチは強烈だ。殴りながらNはまた酒を飲んだ。

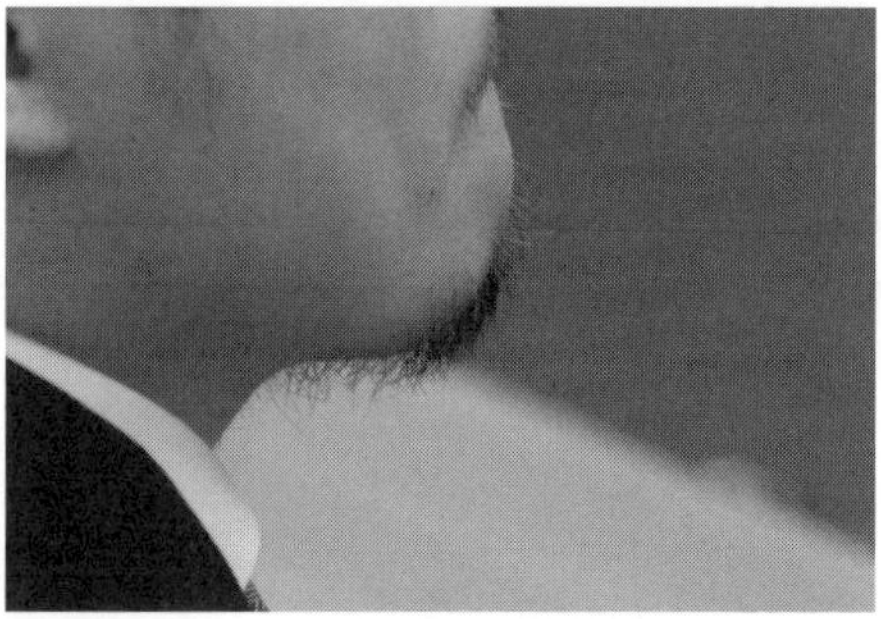
先輩隊員の激しい暴行により左目を失明した元自衛官

三〇発ほど殴ってパンチはやんだ。手が痛くなってきたらしい。ほっとしたのもつかの間で、こんどは頭突きがはじまった。Nは小川より背が低い。頭突きの打撃点がちょうど鼻柱にあたった。悪いことに小川は駐輪場の鉄柱を背にして立っている。鼻で頭突きを受け、その反動で後頭部を鉄柱に打ちつけた。顔面と後頭部の両方に衝撃を受けながら、小川はあごを引いて必死で耐えた。反抗はしなかった。やるだけやれば気が済むだろう、そう思ってこらえたのだ。上官のやることには絶対服従、どんな理不尽なことがあっても逆らってはいけない。組織の不文律が身についていた。

頭突きは一〇回あまりで終わった。Nが酒瓶を差し向ける。

「お前も飲め」

口の中が切れていた。酒が飲める状態ではない。

「口に入れられません」

小川は断った。Nが言う。

「俺が酒瓶で殴ると思うか」

「いいえ、先輩がそんなことをするはずがありません」

直立不動で小川は答えた。Nが一升瓶を両手で持ち上げ、そのまま小川の額を叩いた。激しい衝撃と痛みが襲う。瓶は割れなかった。

また誰かが通りかかった。職場の先輩隊員のようだ。

「もうそろそろ点呼だ」

先輩が近よってきて声をかけた。不審を感じた様子だった。

「大丈夫か」

暗がりのなかから声がする。

「大丈夫です」

小川は答えた。そうか、といった気配で先輩は去っていった。

《顔がぼこぼこになっているだろうな――》

小川は思った。自衛隊に入って二年あまり、殴られるのははじめてだった。それでも妙に冷静だった。これでNの気も晴れたことだろう。我慢すれば済むことだ。そう自分に言い聞かせた。

しかし〝鬱憤〟は晴れていなかった。

※意識朦朧でも搬送は2時間後

ひとしきり暴行を働いたNは、小川に酒瓶を渡した。そして駐輪場から自分の自転車を取り出して乗ろうとした。小川はあわてた。指定場所以外での飲酒はもとより自転車の飲酒運転は厳禁されている。発覚すれば小川まで責任を問われかねない。小川はNに酒瓶を返すと自転車のハンドルを取った。そして押しながら宿舎に向かった。前方をNがふらつきながら歩いている。消灯の時間が迫っていた。

突然、瓶の割れる音がした。小川は音のほうへ駆け寄る。案の定だった。路上にガラスの破片が散乱している。Nが酒瓶を落としたのだった。

《誰かがケガでもしたら大変なことになる》

どこかにホウキはないか、と小川はあたりを見回した。そこへ泥酔したNが近寄ってくる。

「掃除をするから、どいていてください」

小川が言った。

「やるんか」

Nが気色ばんだ。

「いや、やらないです。座っていてください」

ホウキは見つからない。ガラス片を拾おうと小川はしゃがんだ。Nが体を密着させてくる。危ない、と手で制止しようとした次の瞬間、激しいパンチを顔面に浴びた。左目の奥で音が鳴り、鼻血が大量に出る。柔道の絞め技をかけられた。意識が遠のいていく――。

発見当時、小川は失神状態でけいれんを起こしていたという。Tシャツは血だらけだった。人相が変わるくらいに顔が腫れていた。発見した消防小隊の隊員たちは、小隊の仮眠室に運び込んだ。雨と血で濡れたTシャツを脱がせ、乾いた服に着替えさせた。コンタクトレンズをはずそうとしたが、できたのは右目だけ。左目は腫れあがってふさがっており隊員らの手には負えなかった、と関係者は供述している。

以後二時間ほどの間に基地内で何があったのか。小川の記憶は完全にとぎれている。

現場に流れた血はその夜のうちに洗い流され、ガラス片も掃除された。血だらけのTシャツは脱がされたまま行方がわからない。警務隊が現場保存に動いた形跡はない。

小川の意識が戻ったのは、日付が変わり八月四日土曜日の午前一時ごろ、小松市内にある病院のベッドの上である。救出から搬送まで二時間以上も経っていた。なぜそんなに時間がかかったのか。

《事件が大っぴらになるのを恐れて病院に運ぼうとしなかったのではないか――》

少なからぬ者が不審を抱くのももっともだろう。

当直医の診断の結果、左眼窩内壁と呼ばれる左目奥の骨が折れていた。左眼球の筋肉も変形していた。視力はあったが、手術をしなければ後遺症は免れないだろうと医師は説明した。専門医がいないため、一晩入院しただけで基地に戻った。前歯も欠けていた。

一夜明けて顔はますます腫れてきた。そんな小川の様子を見て上司が言った。

「お前、ほかの人に見られたくないだろう。部屋の外に出たくないだろう」

言いたいことはわかった。宿舎に戻ればほかの部署の隊員らが異変に気づく。発覚を避けるため、しばらく消防小隊の仮眠室で隠れていろという意味だ。不服だったが従った。以後、仮眠室での〝軟禁生活〟が約二週間も続く。

※失明

ようやく軟禁が解けたのは、金沢市内にある大学病院での手術がきまったからだった。変形した目の筋肉を修復するための手術である。

「手術は大丈夫、安全」

病院ではそう聞かされていた。

ところが結果は予想外だった。見えていたはずの左目がほぼ完全に失明してしまったのだ。

「原因はわからない。診断ではわからないような強いダメージを、視神経に受けていた可能性もあるが……」

医師は言った。時間がたてば視力が戻るかも、と予後の回復に希望を持った。だが症状は変わらず失明は確実となった。

警務隊が捜査に着手したのはこの期に及んでからだ。発生から半月もたっていた。「失明」がなければ、うやむやで終わった可能性は拭いきれない。Nは暴行致傷容疑で書類送検・同罪で起訴され、罰金五〇万円の略式刑を下された。停職一五日の行政処分も受けた。

立件されたものの事件の背景はわからない。小川をなぜ殴ったのか。動機についてNは「覚えていない」と言うばかりだ。「指導しようとした」とも供述しているが、はっきりしない。小川に対して不満があったのか、あるいは「指導」するよう上官から圧力があったのか。

二〇〇八年七月、小川は静岡地裁浜松支部に国家賠償請求訴訟を起こした。隊員の身体と生命を何だと考えているのか。暴力を振るった本人に憤りを感じる以上に、自衛隊の対応に怒りを覚えたからである。

「上官の暴力で負傷し、重大な後遺症を負った。国は安全配慮義務に違反した――」

この訴えに対して、国側は徹底抗戦の構えで臨んだ。

「N3曹の原告（小川）に対する加害行為は、私的な行為にすぎず、『事業の執行について』行われたものではない」（国側答弁書より）

N3曹は指揮命令権のある上司ではない、「同僚」「先輩」にあたる、したがって「私的」な事件なのだ、だから国にはいっさい責任はない――そう主張するのである。

自衛隊で資格をとって消防士になろうと、小川は将来を描いていた。事件によって人生設計は狂った。自衛隊は辞めざるを得なくなり、収入の道は閉ざされた。現在は鍼灸師の勉強をしている。視力がある右目に負担がかかることへの不安と、東洋医学で視力が回復するかもしれないという望みを抱いてのことだ。病気やケガで苦しい目に遭っている人の役に立ちたいとも思う。

事件直後、小松基地側は、小川の両親に対して正確な事実をほとんど伝えていなかった。「酒の上でのケンカだ」と事実無根の説明をした。もし自衛隊側が率直に非を認めて誠実に対応していれば、裁判を起こす気にはならなかっただろう。

静かな口調で小川は語る。

「わたしがもし死んでいたら何を言われているかわからないと思います。死人に口なしです。自衛隊にはちゃんと誠実に謝ってほしい。願うのはそれだけです」

5　空自シカト小隊

※「部下の隊員を虐待してはならない」

「部下の隊員を虐待してはならない」――自衛隊法施行規則第五七条第六項は定めている。裏を返せば、自衛隊のなかに虐待が存在し得るということでもある。虐待の方法は身体的暴力とは限らない。

「自衛隊は、いじめの事実に目を向けて、嫌がらせをした隊員を処分すべきです」

そう訴えるのは、航空自衛隊Z基地で戦闘機の整備をやっていた元3等空曹の今村京太（仮名、三〇代）だ。集団で無視されるなどの嫌がらせを受け続け、精神的苦痛から辞職を余儀なくされた。うつ状態で苦しんでいても、職場で支えるどころか「死にたいやつは死ね」などと上司に罵倒されたという。最新兵器が配備された基地の、陰湿ないじめの実態について聞く。

——一九九三年に曹候補士（注）で航空自衛隊に入隊されたということですね。

ええ。専門学校を卒業して二〇歳のとき。安定した仕事だと魅力を感じました。ハードルは高かったですね。県内では一人か二人しか受からなかったと聞いています。ちょうどバブルがはじけて就職が厳しいときでした。

——ご出身は日本海側のA県ですが、県内にめぼしい就職先は？

カメラ部品のMさんやH電器くらい。一般の役所はハードルがはるかに高くてとても無理です。自衛隊に合格したときは同級生にうらやましがられました。いまでも「なんでやめたの？」といわれています。

——不安は？

ほとんどなかったですね。結婚するまでは営内の相部屋で暮らしていました。三、四人の部屋。仕事がおわったら部屋でのんびりしていたり。服務（遵守事項）が細かいんで面倒くさいなとは思いましたが。外出するたびに時間や連絡先を書いたりしなきゃいけない。いまはもっと厳しいそうですね。

——仕事は飛行機の整備ですね。

結構きつかったですよ。ほとんど二交替で、朝八時から夕方五時までと午後四時から作業終了まで。ちゃんと直るまでやる。朝までかかることもあります。何時間かけても直らないことがあ

自衛官の募集看板。やりがいのある仕事だと期待して入隊したものの、失望する若者は後をたたない。

るんですね。ひどいときは一週間張りつきとか。電気のことなんか見えないでしょ。指令書（整備手順書）にしたがって直していくんです。計器が異常を示しているとか、レーダーに映るべきものが映っていないとか。パイロットのクレームがあると点検する。パイロットが「異常がある」と言っても、地上で点検すると出なかったりする。上空のマイナス二〇度とかになったときだけ異常がでる。なかなか大変です。

――いじめがはじまったのは、何かきっかけがあったのですか？

入隊して一〇年ほどたったころでした。「自費で運転免許証をとってこい」と上司が言いだしたんです。免許持っていませんでしたから。でも仕事には関係ないことですし、子どもが小さいこともあって家計が苦しい。で、断ったんです。「費用がないから無理です」と。でもその上司は納得せずに「×日までに免許証を見せろ」としつこく言ってきました。結局断ったんですが、このころから職場の人間関係がおかしくなりだしました。

――そのうちストレスから精神的にまいってしまった。すると、整備の担当をはずされて「データ入力業務」を命じられてしまう。

地獄でした。ひとりの部屋で、朝から晩まで市販の英文教科書の文章をパソコンに打ち込むだけなんです。どう考えても整備とは関係ない作業でした。ひたすら壁をみるだけ。机が壁に向かっていて。ときどき上司が監視にくる。寝ているんじゃないか、遊んでいるんじゃないかと。傍では雑談したり遊んでいる人間が集まっていたりして……。

（注）自衛官になるには、防衛大学校や一般大学を卒業して幹部候補生学校に入校、幹部（3尉以上）をめざすコースと、下士官（曹）以上をめざす「一般曹候補生」、二年から三年の任期を更新していく一般隊員（2士〜士長）のコースなどがある。一般曹候補生は、以前は、約二年で3曹に昇任できる「曹候補学生」と、一般隊員と比べて曹になりやすい「曹候補士」制度にわかれていた。一般曹候補学生や曹候補士は一般隊員よりも短期間で3曹に昇任するため、「3曹のくせにそんなこともわからないのか」などと一般隊員出身の先輩下士官からいじめられるケースが多発したといわれる。

※「死にたいやつは死ねばいい」

「データ入力業務」をはじめとするパワハラの実態について、今村は細かく日記に書き残していた。それを読むと「地獄」の日々が生々しく浮かんでくる（数字は時刻。一部省略、また読みやすく表現を改めた部分がある）。

【一月二六日】

○七一二出勤／○八三○～一一五○パソコンへのデータ入力（注・英語試験問題の英文を打ち込む）。直接整備作業とは関係なし／一三○○～一四四三パソコンへのデータ入力／一六四五～一七○○待機／一七○一退社

※終礼はやはり出席なし（筆者注＝出席が認められない）。毎日五分～一○分おきに監視がくる。穴をさがしに。

【二月一六日】

○七一二～○八○八朝礼だが待機する／○八○一～一一五○資料整理／一三○○～一六三二資料整理／一六四三～一六五○終礼。参加不可のため待機／一七○一退庁

※一一○五頃だが、二月分のショップ費（雑費運営費）の支払い金額の明細がでたため、金額の確認をした。毎月二四○○円程度の支払いをおこなっていたが、今月は八七○円だった。疑問に思って小隊庶務係に理由をたずねると、「今村はショップ費で購入しているコーヒー、お茶をまったく利用していないから、今月から請求しなくていい」と小隊長に言われたという。私はこの点に納得するわけにいかず、「このまま払わなかったら一生、この班内にいる限りコーヒーすら飲むことができなくなります」と従来通り請求するよう要求した。

※退庁の際、前日の業務日誌を確認したが私の勤務実態はいまだなし（筆者注＝記載されていな

い）。

【二月二二日】

○七〇八出勤／〇八〇一～一〇〇五資料整理&データ入力／一〇一六～一〇五五習字／一一〇〇～一一五一資料整理&データ入力／一三〇二～一六三一同／一六四二～一六四八終礼。参加させてもらえず待機／一七〇一退庁

※業務中なんども「裏切り者」「内通者」「悪いやつ」と背中ごしに連呼される。毎日のことなので私ではどうしようもない。

【三月一日】

○七一三出勤／〇七三二～〇八〇七朝礼等。参加不可、待機／〇八一〇～一一五二資料整理&データ入力／一三〇一～一六三〇同／一六四〇～一六四八終礼。参加不可、待機／一七〇一退庁

※本日も背中ごしにF曹長、O１曹が暴言。

「……上司から退職なんて簡単に言いわたすことができる」

「早く自衛隊やめて新しい職についたほうが楽。俺なら絶対にやめるし。ま、悪は絶対にほろびる」

【三月三日】

○七一四出勤／〇八〇一～一一五一資料整理&データ整理／一三〇一～一六三一同／一六四一

〜一六四七終礼。参加不可、待機／一七〇一退庁

※本日も背中ごしではあるが「見ろよあの悪人ヅラ。どんな仕事しようが無理なの自分でわかってないぞ。要するにバカなんだ、バカ」とF曹長。

【三月一七日】

〇七一四出勤／〇八〇一〜一一五二データ入力／一三〇一〜一六二〇同／一六二二〜一六四一教育（整備員のしつけ）参加不可／一六四三〜一六四九終礼。参加不可、待機／一七〇一退庁

※業務日誌に記載なし。「うそつきはやめろ」「うそつきは自衛官としていらない」と連呼される。

【三月二五日】

〇七一六出勤／〇七四五〜〇八二三定年退官者見送り。参加不可、待機／〇八〇一〜一一四八データ入力／一三〇一〜一六二八同／一五四五〜一六四〇「群」の終礼。参加不可、待機／一六四四〜一六五六隊の終礼。参加不可、待機／一七〇七退庁

※F曹長とO1曹のやりとり。

F「N（筆者注＝いじめを受けていた別の隊員）が入院したのは自分のせいだ。ざまーみろ。罰だ、罰。あと一人だけど、こいつはヒツコイわあ。でもかならずやめてもらうわ。どんな手を使ってでもな。Oもそう思うだろ」

O「そうですね。でもこいつの場合はそう簡単にやめませんよ。なにを考えているのかわかりませんから」

【四月七日】

○七一二出勤／○八○二～一一四九データ入力／一三○一～一六三一同／一六四○～一六五○終礼。参加不可のため待機／一七○一退庁

※O1曹とK隊員のやりとり。

O「死にたいやつは死ねばいい。なにがメンタルヘルスだ」

K「そうだ、そうだ」

【四月一一日】

○七一五出勤／○八○五～一一四九データ入力／一三○三～一六三一同／一六四三～一六五○終礼。参加不可のため待機／一七○二退庁

※F曹長「我が列線（筆者注＝飛行場の駐機場付近に待機して、航空機の離発着のために必要な整備作業を行う部隊）の、今年度の分隊長指示事項は〝団結〟だ。みんなで団結してあいつら（今村氏とN氏のこと）取り囲んでやるぞ」――。

※上司6人がかりで「あら探し」

――ひどい嫌がらせですね。朝礼や終礼にも出させない。「死にたいやつは死ねばいい」なんて。毎日、どんな気持ちでしたか。

なにも考えていないですね。考えたらキリがありませんから。はやく時間がたってくれと。このころはもう結婚していて、基地の外に住んでいたからまだよかったんだと思います。結婚していなければ仕事が終わっても営内ですからね。そこでまたやられる。仕事中はトイレに行くにも「トイレに行きます」と言わないといけなかったですね。食事は時間がくると「食事行きます」と。一日の会話はそれだけ。まわりの人間は、午前一一時くらいから食事に行こうと思えばいけるんですが、僕はそれもだめでした。

――食事はひとりで？

ええ。

――同僚が声をかけるとかは？

ありません。声をかけたらだめだ、と言われていたようです。僕と同じようにいじめられて辞めたN2曹が知っています。その人のほうがいじめはひどかった。胸倉つかんで「いいかげんにしろ」「やめろ」と怒鳴られていました。

――なぜそんなに？

詳しくはわかりません。小さい子どもさんもいる方ですから、退職した後は大変だと思います。

――メンタルヘルスどころではない。

親も驚いていました。なんだこれは、と。死にたいなあと、そんな気持ちになりました。思いとどまったのは家族がいたからです。家に帰っても「また何時間かあとには同じことがはじまる」と、そう思うと眠れない。カウントダウンがはじまる。とにかく酒のんで酔っ払うしかない。

――奥さんとはどんな話を？

「もう辞めようか……」と。

――でも辞めたら生活できなくなる。

いまとなっては辞めて正解でした。気持ちが楽になりましたから。いまはセールスマンです。楽ではありませんよ。一日何十人ものお客さんと話をしますが、歓迎されることはありませんから。どちらかというと嫌われる仕事ですよね。それでも前の仕事よりははるかに楽です。自衛隊には「服務指導には垣根はない」という言葉がありまして……。

――どういう意味ですか。

なにをやってもいいということです。「服務指導」の名がつけば何をしてもいい。

――なるほど……いじめの〝首謀者〟は誰だったんですか。

上官の曹長とか1曹。あるときから態度が変わった。服務指導ということでいろいろ言ってきて、黙っていたら「認識した」。なにか答えたら「上司に反抗した」「不服従だ」と。そういったことを六人くらいでやられました。六人がかりでアラを探すんですから必ず何かみつかる。「なんだおまえ、そのボタンはずしているのか。やっぱりおまえは……」といった調子です。「おまえ、このまま居ても3曹のままだぞ、次の道を考えたらどうだ」とも言われました。「家族がいるので決められない」と答えると、「おまえの問題だ」。口ごたえすると延々と反論されるから結局だまって聞くしかない。上司は自分の成績に影響するんじゃないですかね、辞めさせないと。任期制じゃない定年までいられるはずの人まで辞めさせる。

――耐えていたけれど、とうとう辞める決心をするわけですね。

辞めたくて辞めたわけじゃないんです。いじめの体質を改善しないので辞めざるを得なかった。退職願には「再三の上司による嫌がらせに耐えきれず、退職を希望する」と書きました。あて先は人事のトップだったH空将です。でも提出しようとすると「こんなのは受け取れない。できるわけない」と拒否されました。「いや、それが事実なんですよ」と提出しました。「できるわけない」には笑いましたよ。

――モノをいうヤツはいらない？

そうでしょうね。僕が自衛隊をやめて引っ越すときには、上司がわざわざ車で見にきていました。そこまでやるか、という感じです。

――何のために？

本当に引っ越すかどうか確認にきたんじゃないでしょうか。声はかけてきませんでした。車の中から見ていました。

――自衛隊員の自殺が多いですね。

原因はほとんど「調査中」「不詳」だそうです。

――いじめによる自殺は……。

ないことになっている。自衛隊に病院があるんですが、精神科に相談すると内容がすべて上司に筒抜けになる。結局、相談できる機関を外部につくるしかないと思います。自分たちが「(いじめを) ない、ない」というのは当たり前ですからね。専門の第三者機関を設けるべき。それなりに権限の強い機関を。そうしないと自殺はこれからもっと増えるんじゃないでしょうかね。

自衛隊で生き残れる人間は二種類しかいません。すごく悪くてずる賢い人か、ものすごくまじめな人。中途半端は弾かれます。

――まじめというのは？

ロボットです。言われたことを「はい」とやる。「人事は〝ひとごと〟と書いて人事だからな」と先輩から聞いたことがあります。気にいらない部下がいると、そのとおりに人事評価を書く。

――自衛隊はよくなれるんでしょうか。

外部の監視機関をしっかりもうければ効果はあると思いますが。警務隊という組織もおかしいですね。何年か前のことですが、女子トイレに男が潜んでいたのを女性の幹部が見つけた。追いかけて顔を見て、通報して警務隊が指紋もとった。それなのに警務隊は犯人を捕まえることができない。そういう話はいっぱいあります。ある高級幹部付き（筆者注＝秘書役のこと）の女性自衛官はひどいセクハラを受けて辞めました。「幹部付きは顔で選ぶ」と聞いたこともあります。それで、キャリア幹部はやめたら生命保険会社や損保に再就職です。ノンキャリアはパチンコ店や警備会社、高速道路の料金所くらいですか。わたしは今の仕事を自分でさがしました。

――幹部がらみだから事件にならない？

なりません。そんなの事件にしたら大騒ぎになりますよ（笑）。

第Ⅱ部

「腐敗」と「愛国」

1　防衛医科大汚職事件

※阪大ワープロ汚職

大学のワープロ納入をめぐり賄賂の授受があったとして大阪地検が強制捜査に着手したのは一九八四年の夏だった。いわゆる「阪大ワープロ汚職事件」である。大阪大学経理部長を筆頭に、文部省会計課総括予算班主査、文化庁会計課長、京都大学経理部長、神戸大学経理部長ら五人が収賄罪で起訴された。贈賄側は事務機販売会社経営者ら五人が起訴された。賄賂をもらった五人の公務員はいずれも大蔵省の予算畑出身で、五〇歳代、ノンキャリア組だった。同僚、あるいは先輩・後輩の関係を使って贈賄業者を引き継ぎ、金銭の供与や接待を受けていたという。

戦後の文部省で最大級の不祥事だといわれた。安定した身分の官僚がなぜ汚職に手を染めたのか。事件の背景について当時の新聞は次のように分析している。

〈同省（文部省）では予算班主査が一般会計だけで四兆六千億円もの巨額の文部省予算を切り盛

りする権限を持つ。その一方で、昇進しても本省の課長クラスどまりという不満がある。そのはざまを、業者の巧妙な札束攻勢につけこまれたようだ〉（『朝日新聞』一九八四年七月二四日付夕刊）

中心人物の阪大経理部長は懲役二年・追徴金八六三万円の実刑判決を受けた。残りの四人も執行猶予付きながら有罪となった。行政処分は、懲戒免職が四人。ひとりだけは停職一二カ月で、依願退職した。当時の森喜朗・文部大臣は国会で繰り返し陳謝し、佐野文一郎・事務次官も戒告処分を受けた。

五人の汚職官僚のうちで懲戒免職をまぬかれた唯一の人物が、神戸大学経理部長のS氏である。二五万円の賄賂を受け取った収賄罪に問われた。

神戸大学を依願退職したS氏は、すぐに大手電子部品会社に再就職した。そこで一〇年ほど働き、一九九四年、「ヤマト樹脂光学株式会社」という会社に役員待遇で転職する。K村という女性が経営者を務める医療機器販売会社だった。

S氏とヤマト社のかかわりについては、同社の労使間で争われたある民事裁判のなかで明らかにされている。

この訴訟記録によれば、S氏が入社した当時、ヤマト社は「ロケーションシステム」と呼ばれる病室用のプリペイドカード式テレビの事業に乗り出すことを考えていたという。テレビやカード販売機を設置する契約を病院と交わし、売り上げの一部を手数料として得るビジネスだ。S氏

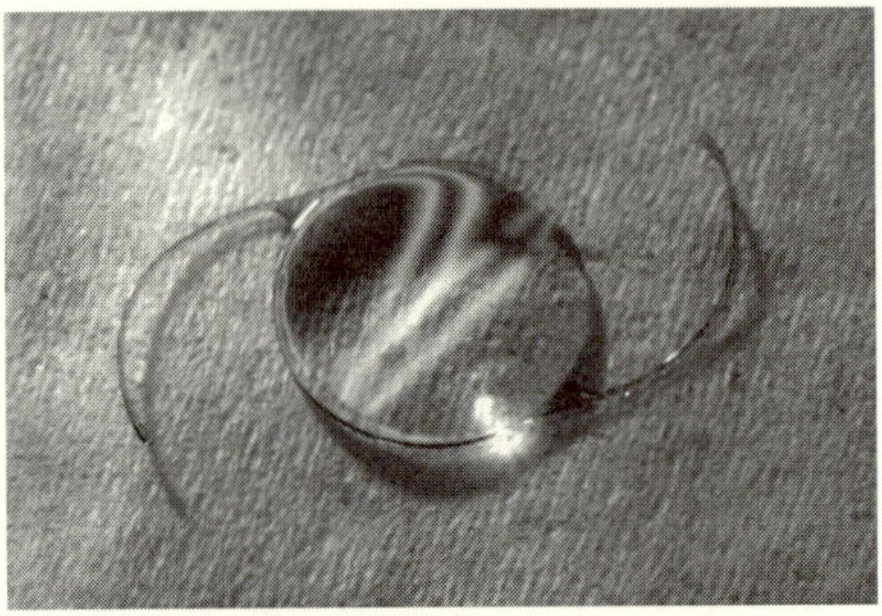

白内障の手術で使う眼内レンズ

を採ったのは、この新事業をすすめるためだった。ロケーションシステムの契約を取るために足しげく国立大学医学部や国立病院を回ったと、裁判でS氏は証言している。

「要するにテレビのロケーションシステムを入れる紹介業といいますか。文部省の経験を生かしてやりました。紹介されてはそこへ飛んでいきまして……でもなかなか国家公務員というのはガードが固くて、うまくいきませんでした」（S氏の尋問調書より）

テレビ契約だけでなく、病院内に売店を設置する仕事やコイン式洗濯機・乾燥機のレンタル契約など幅広い事業をヤマト社は手がけていた。

これらについても契約を獲得しようとS氏は奔走する。S氏はまた、ヤマト社の本業である医療機器販売にもかかわった。官報を点検し、国立大学の医療資材調達情報があればK村社長に報告していたという。

「医療機器の仕事も……眼内レンズとか医療機械を売り歩く、その紹介ですね。そういうこともやりました」（同前）

「眼内レンズ」とは白内障の手術で使う直径五〜七ミリほどのコンタクトレンズに似た医療部品である。ヤマト社は、この眼内レンズやコンタクトレンズを主力商品として業績を伸ばし、後に業界最大手にまでのぼっていく。同社が公表した決算によれば、二〇〇三年三月期に約二八〇億円だった売り上げが二〇〇八年には約六八〇億円と二倍以上になっている。経常利益は約二五億円。

業績向上にS氏がどれほど貢献したのか、訴訟記録を読む限りではわからないが、一助になったことは間違いない。

絶好調に見えたヤマト社の転機は突然訪れる。二〇〇八年八月、ヤマト社は破産を申し立てる。負債額は約二二七億円。粉飾決算が露呈した。六八〇億円とうたっていた年商は一〇〇億円にすぎなかった。

同月、経営者のK村は警視庁に逮捕された。国立身体障害者リハビリテーションセンター病院（筆者注＝その後、「国立障害者リハビリテーションセンター病院」と名称変更）のY教授（六三歳、後に懲戒免職）に対する贈賄容疑である。賄賂をもらったY教授も収賄容疑で逮捕された。

ヤマト社をめぐる汚職事件は防衛医科大に飛び火する。K村から賄賂を受け取った収賄容疑で、警視庁は防衛医大病院眼科部長の男を逮捕した。四九歳の北里弘（仮名）である。

※逮捕された眼科部長

K村、Y教授、北里の三人はそれぞれ贈賄罪と収賄罪で起訴され、年明けから公判がはじまった。起訴事実に争いはない。内容は概略次のとおりである。

〈二〇〇五年から〇七年にかけ、K村はY教授に対して毎月一五万円を渡すなど合計で現金約一九〇万円を贈った。北里教授にも数度にわたって現金二六〇万円を渡したほか、マンション家賃の一年八カ月分にあたる約四六〇万円を送金した。これらを受け取ったYと北里は、ヤマト社側が眼内レンズなどを随意契約で独占的に納入できるよう便宜を取り計らった〉

随意契約とは、競争入札を行わずに役所が直接業者を指定する契約方法だ。略して「随契《ずいけい》」ともいう。

会計法では、役所が税金で物を買う場合、原則として随契ではなく競争入札にするよう定めている。

〈契約担当官及び支出負担行為担当官（以下「契約担当官等」という）は、売買、賃借、請負その他の契約を締結する場合においては、第三項及び第四項に規定する場合を除き、公告して申込みをさせることにより競争に付さなければならない〉（会計法第二九条の三）

ただし例外がある。「競争に加わるべき者が少数」であったり「競争に付することが不利と認められる場合」は、役所が指名した特定業者だけで入札をさせる「指名競争」が可能だ。また「契約の性質又は目的が競争を許さない場合」も随意契約で構わないとされる。

こうした〝抜け穴〟をつかった随意契約は、特定業者と役所の癒着を生む温床だとして問題視されてきた。二〇〇六年八月には「公共調達の適正化について」と題する財務大臣の通達が出され、随契を一般競争入札や企画競争などに切り替えて契約の透明性をはかるよう各省庁に求めた。それでもなお、いたるところで「随契」は続いている。

ヤマト社が役所に食い込めたのも随意契約ができる環境があったからこそだろう。

三人の事件は同じ法廷に併合され、審理は同時に進んだ。法廷に姿を現した被告人は、三者三様の表情をみせた。

「会社のことが一番ですから……」

K村は気丈な口ぶりで繰り返した。会社の破産手続きが自分の知らないところで行われ、自宅をはじめ個人財産まで差し押さえられたことに不満顔をみせた。

Y教授は国立身体障害者リハビリテーションセンター病院を懲戒免職になり、力が抜けたようだった。愛人のいるスナックの飲み代までK村に払わせていた事実を検察官に指摘され、ばつが悪そうに視線を泳がせた。

この二人と比べて少し様子が違ったのが北里だ。

「患者さんに申し訳ないことをしたと思っています」

関西なまりの口調で何度も謝った。被告席に戻ると唇をきつく閉じて、涙を浮かべた赤い目で宙をにらんだ。なにか言いたそうな顔だった。

以下は、公判廷の傍聴によって知り得た事実である。

北里弘は一九八五年に防衛医科大学校を卒業後、国家試験をパスして医師になった。専門は眼科。自衛隊病院や東北大医学部をへて、二〇〇一年に講師として防衛医大に着任、三年後の〇四年、前任者O坂教授の退官に伴って、防衛医大眼科教授兼同大病院眼科部長となった。

前任教授のO坂氏は、順天堂大学医学部を卒業後、一九八三年から二〇〇四年まで二〇年以上にわたって防衛医大病院の眼科部長を務めた。日本緑内障学会会長など名だたる学会の評議員や名誉会員に名を連ね、著書も多い。国内の眼科医のなかでは一定の知名度を持つ人物である。

あたらしく眼科部長に着任した北里の目にまずとまったのが、このO坂氏とヤマト樹脂光学の不透明な関係だった。

眼内レンズはもちろん、網膜剥離の治療で使うレーザー機械などの医療機械はヤマト樹脂光学の独占状態。しかも随意契約ばかりだ。教授室にはいると、壁際に眼内レンズが入った箱が積まれていた。すべてヤマト社の商品である。レンズは手術で使用するためのストックで本来は医局で保管しなければならない。異様な光景だった。

あぶない会社だ、と北里は思ったという。そして事務局関係者に相談した。

「別の業者に変えたい——」

この相談の内容が、どういうわけか、眼科に出入りしていたヤマト社員を通じてK村社長にもたらされる。

K村は北里との面識がなかった。彼が教授になるなど想像もしなかった出来事である。教授選の下馬票では別の人物が有力視されていた。

北里自身、もともと教授選に出るつもりはなかったという。いずれ防衛医大を退職して眼科医院を開業したいと思っていた。

ヤマト排除の動きを知ったK村は危機感を抱いた。防衛医大との契約独占を続けるためには新任部長を取り込む必要がある——と、北里攻略に向けて行動をおこした。

検察官によれば、国立身体障害者リハビリテーションセンターのY教授の場合、K村はビール券を渡すことからはじめている。接待を繰り返しながら相手の抵抗感が薄れるのを待ち、ころあいをみて三万円程度の現金に切り替えた。そして、しまいには毎月一五万円を送金するまでの深い関係となる。

だが北里に対しては最初からまとまった現金を渡している。新眼科部長就任から九カ月後の二〇〇五年一月、K村は教授室に北里を訪ねた。

「研究費などにお使いください」

現金一〇〇万円入りの封筒を差し出すと、北里は受け取った。

カネを渡すことに成功したK村だが安心してはいなかった。北里が高校に通う娘のために都内のマンションを探していることを聞きつけ、家賃の肩代わりを申し出る。物件を紹介し、北里から通帳と印鑑を預かって毎月家賃分のカネを振り込んだ。

しばらくおいて、K村は「来年もよろしく」と再び一〇〇万円を渡した。さらに念を入れて、もう一度現金五〇万円を贈る。

「おこづかいにお使いください――」

そういって渡された五〇万円入りの封筒を手にしたとき、北里は「いつもより少ないな」と感じたという。ヤマト社独占が揺らぐ気配はとうに消えていた。

北里の供述によれば、賄賂の現金は一部を自分の飲食代に使い、残りは妻に渡して子どもの教育費などにあてたという。

一連の買収工作の見返りとして、ヤマト社は、二〇〇五年から〇七年の三年間で、O坂時代より多い約二億四九〇〇万円の売り上げを防衛医大から獲得した。後述する公益法人「防衛医学振興会」(現在は特例民法法人)を通して社員を防衛医大病院に常駐させるまでに食い込んでいった。

※白内障手術で網膜剥離に

ヤマト社を切ろうと考えていた人物がなぜ何百万円もの大金を受け取ったのか。不可解さを残したまま審理は北里に対する情状面の立証に移った。証言台に立ったのは防衛医大に北里と同期で入学した友人の男性だ。卒業後、防衛医大病院の勤務医をしていたが、辞めて独立、現在は同大の近くで内科医院を開業しているという。

「質実剛健で、飲み代やギャンブル、女性関係でカネを使う人ではない。服装も派手ではない」

北里の人物像について彼はまず述べた。次に、眼科医として高い技術を持っていると評価した。かたやO坂教授が部長をしていた時代は防衛医大眼科の医療技術が低く、手術がうまくいかなかったことが何度もあったと語った。

O坂時代に眼科手術のトラブルが起きていたというのは事実だった。防衛医大病院で受けた白内障の手術が失敗し、網膜剥離を引き起こした挙句に右眼視力を失ったとして、二〇〇一年、都内に住む男性医師（七九歳）が国家賠償請求訴訟を起こしている。東京地裁は国の責任を認めて約二七〇〇万円の支払いを命令、東京高裁で国側敗訴が確定した。

このときの執刀医がO坂氏である。いきさつは東京高裁に保管されている訴訟記録に詳しい。以下はその概要である。――

白内障は水晶体が白く濁ってしまう病気だ。水晶体は眼球の前面にある臓器で、カメラのレンズに相当する。平べったい透明のポリ袋に寒天をつめたような構造を持つ。健康なら透明だが、濁ってしまうと光線を通さずモノが見えなくなる。濁った〝寒天〟を手術で取り除くのがもっとも有効な治療とされる。

患者の男性医師に対してO坂教授が採用した手術の手順はこうだ。
①水晶体の袋の表面を小さく切開する。
②切開した穴から針のような吸引機を入れて内部の濁った寒天組織を吸いだす。
③寒天組織を取り除いて空になった袋の内部に眼内レンズを挿入する。

手術時間は通常二〇分前後。白内障は、眼科の手術ではもっとも安全かつ簡単だとされる。このときも短時間で終わるはずだった。

ところが実際に手術に要した時間は二時間以上。しかも視力が改善するどころか、モノが四重に見えるなど著しく悪化した。水晶体の袋が破れ、そこから眼球の内容物である硝子体が外部にはみ出るという深刻な症状に陥っていたのだ。

手術後、視野のなかを大量のゴミ状のものが飛び交う「飛蚊症《ひぶんしょう》」という自覚症状も出ていた。重度の飛蚊症は、網膜が眼底からはがれて浮き上がってしまう網膜剥離の前兆だ。案の定、数日後には網膜剥離を引き起こしてしまった。放置すると失明の危険が高い。緊急事態だったが手術は行われず何日も放置される。その間に剥離の症状が進み、患者は右目の視力をほとんど失ってしまった。

患者の失望は大きく、「早く死にたい」といった病床での発言が看護日誌に記録されている。

「視力を失った原因は一連の治療ミスにある」

裁判で原告の男性は訴えた。これに対して国側は、それまで一度も口にしなかった言葉を持ち出してくる。

「駆逐性出血」が起きていた――

手術に時間がかかった挙句に網膜剥離にいたった理由は、実は患者側に「駆逐性出血」が起きていたためだ、したがって医療ミスではない、というのだ。駆逐性出血とは白内障手術の途中にごくまれに起きる大出血のことだ。失明の恐れが高い危険な合併症である。その合併症が患者の右眼に起きたのだと国側――つまりO坂教授は主張した。

国側の「駆逐性出血」説は、法廷の審理が進むにつれて怪しくなってくる。

〈駆逐性出血が発生した場合はただちに手術を中止せよ〉

専門書にそう書かれているにもかかわらずO坂教授は手術を続けた。深刻な合併症だというのに手術後に経過観察をした形跡もない。そもそもカルテに駆逐性出血の記載がない。

なぜカルテに書かなかったのか。証人尋問で原告側から追及されたO坂教授は苦しい説明をしている。

「駆逐性出血は（失明の危険が高い）非常に重篤な合併症なので、そういうことをダイレクトに患者が理解した場合……その後の処置に悪影響があることを計算した……」（カッコ内は筆者注）

患者である男性医師の憤りは当然だろう。胸中を陳述書で語っている。

「簡単な手術といわれる白内障手術の失敗と、それによる網膜剥離、その対処の稚拙さによって引き起こされた失明は、わたしの医師生命を根底から奪った。……生活基盤が破壊され残りの人生の生きがいすら奪われた」

O坂教授の「駆逐性出血」説を、裁判所は「これを認めがたい」と一蹴する。判決理由で、O坂氏の医療技術と証言に対する信用性に疑問を投げかけた。——

話を北里の法廷に戻す。北里の友人である男性が証言を続ける。

〈以前は、眼科の治療が必要な患者がいても防衛医大にはとても紹介できなかった。その状況が変わったのはO坂教授が退官し、北里が部長になった後のことです。北里部長になってからは患者を安心して紹介できるようになりました。北里先生は眼科を建て直しつつあったと思います……〉（要旨）

被告人席で北里が目を潤ませている。

「早く患者のもとに戻ってきてほしい……」

男性は声をつまらせて言うと、証言を終えた。

※元防衛庁長官と総理の影

北里に対する被告人質問は、二月×日、第二回公判で行われた。弁護人が尋ねる。

「北里先生自身はヤマト樹脂光学という会社を嫌っていた？」

「はい」

北里ははっきりと答えた。

弁護人　どういうところが気に入らない？

北　里　前任者のときに、ヤマト一本でいけ、ということで。医療器具じゃないものまでヤマトを通せといわれましたので。そういうのが気にいらなかった。

弁護人　前任者というのはO坂部長？

北　里　はい、そうです。

北里が部長に着任した当初、医療器具のみならず文房具に至るまでヤマトから買うという状態だったという。ヤマトを排除しようと試みたが、うまくいかなかった。事務方を通じて横槍が入ったというのだ。

弁護人　（横槍は）どなたから？
北　里　前事務部長のＭさん。
弁護人　具体的には何を言われた？
北　里　ヤマトに防衛省ＯＢの人がいて……Ｍさんが……ヤマトを大事にしてほしい、という感じのことを言われました。（カッコ内は筆者注）

「防衛省ＯＢの人」の名前は明らかにされなかった。

検察官の指摘によれば、ヤマト社のＫ村は、元厚生大臣で防衛庁長官を務めたこともある宮下創平・元衆議院議員といとこ関係にあるという。二人とも郷里は長野県だ。創平氏の息子で衆議院議員の宮下一郎氏に対して、ヤマト社は政治資金パーティーのパーティー券を購入しているほか、一郎氏が支部長を務める自民党支部に献金をしている。

「防衛省ＯＢ」と宮下元長官ら政治家、ヤマト社の間にどんなつながりがあるのか、傍聴している限りではわからない。

北里が部長になったとき、すでにＯ坂教授によって五年先の購入計画まで決められていたとい

埼玉県所沢市にある防衛医科大学校病院

う。いったん決まった計画を変更するのは容易でない、と北里は説明する。そうだとしても嫌っていた会社からなぜカネを受け取ったのか。やはり理解できない。誰もが抱いたであろうこの疑問について、裁判官が自分で尋ねた。

「あなたとしては、前任者からの悪弊を改善したかったわけですね。なぜ切れなかったのですか」

北里がたどたどしく答える。

「何もかも……切りきれなかった理由は……五カ年計画、メンテナンス、振興会、あと前任者から『高い機械はヤマトしか入らない』と……。庁の上からのコネクションがあったり……」

「メンテナンス」とは、機器を納入した同じ業者に整備も担わせたほうが便利だという病院側の事情のことだろう。防衛医大病院の眼科に出入りしていた業者はヤマト社だけだった。また、「振興会」とは、防衛医大所管の財団法人「防衛医学振興会」のことだと思われる。

防衛医学振興会の設立趣旨はこううたわれている。

〈医学研究の奨励・助成、医学・衛生思想の普及・啓発等を行い、自衛隊の任務遂行に必要な医学の振興と社会福祉の向上を図り、防衛基盤の育成強化に寄与すること〉

具体的には、防衛医大職員への研究費助成や書籍刊行のほか、薬局経営などの調剤事業を実施。「福利厚生・援護事業」として、医大病院の入院患者へのテレビ・洗濯機等の貸し出し、葬祭事業、理髪店や売店の経営、病院駐車場の管理など多くの事業を手がけている。二〇〇八年度の収入は、調剤事業と福利厚生・援護事業をあわせて約二〇億円。役員は、会長の尾形利郎・元防衛医科大学校長や、理事長の清水繁・元福岡防衛施設局長、理事の奥森雅直・元自衛隊中央病院長など、ほぼ全員が防衛医科大や自衛隊出身者でしめられている。

先に触れたとおり、この振興会から派遣される形でヤマト社の社員が防衛医大に常駐していた。北里が言いたいのは、防衛医学振興会を通じてヤマトとの関係を続けるよう圧力があった、ということだろうか。言葉足らずで詳しくはわからない。

消え入るような声で北里が続ける。

「……いろんなシガラミ……切りきれなかった人間の弱さ……ずるずると弱みに……申し訳ない」

「シガラミを切ることと、カネをもらうのは別では?」

裁判官が聞く。

「もちろんその通りです……うまく渡してもらったりとか……申し訳ないことをした」

北里はうなだれる。

O坂部長が受け取っていた眼内レンズ一個あたり数千円のリベートを北里は廃止し、レンズの納入単価を下げさせた。眼内レンズの売り上げ高が伸びたのは、眼科の医療技術に対する信頼が回復して手術件数が多くなり、それに伴ってレンズの購入数も増えたからだという。しかし、どんな事情があれ北里は賄賂を受け取ってしまった。なぜ――。

裁判官が優しい口調で尋ねた。

「前の方、ほかの人のそういうのを見てどう思いましたか？」

「非常にいやでした。会議をしたいと……」

言葉が途中で終わった。会議をしようとして、いったいどうなったのか。それ以上の説明はない。

「あなたがその立場になって同じことをしたわけですが……」

裁判官が促す。

「申し訳ないことをしました」

北里は、また謝った。

事件は政界に及ぶのではないかといわれた。

ヤマト樹脂光学は麻生太郎首相と縁がある。麻生氏の政治資金管理団体や、自身が支部長を務める自民党支部に、ヤマト社は何年にもわたって献金をしてきた。阪大ワープロ汚職でクビになった文部官僚を受け入れるなどヤマト社は文部科学省とつながりがあるが、麻生氏は文教族だ。一九八八年一二月から八九年六月まで文部政務次官を務めている。

二〇〇八年一〇月一七日の衆議院テロ特別委員会で、民主党の川内博史委員が麻生氏を追及した。

川内　麻生総理は、このヤマト樹脂光学の元社長のK村被告とは長いおつき合いがあるというふうに報道をされておりますが、事実かどうか、まず教えていただきたいと思います。

麻生　ヤマト樹脂光学という会社から、パーティーのときの券を買っていただいたりしているということは事実だと思います。正直言って、顔もちょっと正確な記憶がないぐらいのつき合いですから、つき合いがあるかと言われたら、私は、その、いただいているという事実、それと一点、たしか（ヤマト社の）社屋ができたときの、パーティーか何かにお招きをいただいて出ていった、ざあざあとなんだか十分だか五分だかしゃべって、それで終わったとしか記憶がありません。

正直なところです。（カッコ内は筆者注）

後に、麻生氏はヤマト社からの献金を返金したと伝えられる。もっとも、いつ誰にいくら返したのかなど、具体的な返金内容は確認できていない。

ヤマト社の破綻処理については、麻生一族の影がなおもちらつく。ヤマト社の受け入れ先として浮かんできた病院コンサルタント会社「キャピタルメディカ」は、麻生氏の甥が社外取締役を務める会社なのだ。業界関係者によれば、「ヤマト」受け入れ計画はその後白紙になったという。

二〇〇九年三月×日、東京地裁の高木順子裁判官は、北里に対して懲役二年六カ月・執行猶予三年・追徴金七二二万円の有罪判決を言い渡した。K村には懲役二年・執行猶予三年、Y元教授について懲役一年六カ月・執行猶予三年・追徴金一九五万円の判決を、それぞれ下した。北里とK村の罪は確定、Y元教授は判決を不服として控訴し、東京高裁で争っている。

起訴休職扱いになっていた北里は懲戒免職処分となり、出身大学の防衛医大を去った。

防衛医大とヤマトとの関係を築いた主役と目されるO坂氏の責任追及はなく、また巷間噂されていた政界への波及もないまま、事件は終息した。

2 野外炊具汚職事件

※野外炊具1号

二〇〇七年六月二二日、警視庁捜査二課は、陸上幕僚監部所属の1等陸佐・東信一（仮名、四四歳）と中堅防衛商社・伸誠商事株式会社常務の三木保男（同、四四歳）を、それぞれ収賄容疑と贈賄容疑で逮捕した。移動調理機械である「野外炊具1号改」の不具合改善計画をめぐり、二人の間で現金の授受と便宜供与がなされたというものだ。

「野外炊具1号改」は「野外炊具1号」の改良型である。外見や基本構造はほとんど変わらない。

野外炊具は大量に飯を炊いたり煮物をするための器具で、幅二メートル・長さ四メートルほどの鋼鉄製台座に灯油バーナー式カマド六個が設置されている。カタログによれば二〇〇人分のコメが四十五分で炊けるという。重さは約二トン。トレーラーで牽引できるよう二本のタイヤがついている。一台約八〇〇万円。陸上幕僚監部によれば、陸上自衛隊が調達をはじめたのは一九六

野外炊具１号（旧型）で米を炊く陸上自衛官。200人分が45分で炊けるという。

二年度で、二〇〇八年度現在で新旧あわせて八一〇台を保有しているという。訓練や災害派遣で頻繁に使用しているほかイラク派遣でも使われた。製造元は浜松市に本社を置く株式会社マッキンリー社で、伸誠商事が独占的に販売してきた。

燃料の灯油を加熱して気化させ、圧縮空気とともにノズルから噴出させて燃焼させる。それが灯油バーナーの原理である。引火点が高い灯油を使うため爆発や火災の危険が低い。半面、器具が冷えているとうまく着火せず、ノズルから燃料が漏れたりする。

発売当初の初期型野外炊具1号は、手作業で火をつける構造になっていた。ガソリンを使ってあらかじめノズルを焼き、灯油が気化しやすい状態にしてから灯油燃料コックを開ける。着火作業には慣れとコツを要した。米を炊く際の火を消すタイミングも勘が頼りで、湯気の出かたや匂い、時間で炊きあがりを判断しなければならない。ノズルが目詰まりしないよう手入れにも配慮がいる。使いこなすには職人的な技術が必要だった。

その点に改良を加えたのが二〇〇一年ごろ。誰でも簡単に点火できるように電気式の着火装置が取り付けられた。また、時間がきたら自動的に火が消えるタイマー式の消火装置も付けられた。

事件は、直接的には、この改良を加えた「野外炊具1号改」に不具合が続出したことに端を発する。

「火が立ち消えになって燃料が漏れる」

「火力が弱く米が生煮えになる」

「洗いにくい」

「修理や手入れをしたくてもカマドが取り外せない」

旧型と入れ替わりに改良型が普及してくると、そんな苦情が現場から出てきた。着火装置が雨に濡れて作動しないこともあったという。トラブルはイラクのサマワでも起きたといわれる。

※一族経営の防衛商社

公判で明らかになった事実をてがかりに事件をたどる。

伸誠商事の創業は一九六五年、初代社長は三木の祖父である。一九九二年、当時三〇歳だった三木は、サラリーマンをやめて常務取締役となり、営業を担う。営業先はもっぱら防衛庁だった。駆け出しのころを振り返って三木は供述している。

〈民間の経験とは違って官側が圧倒的に優位でした。官の判断が大きい取り引きで、受身の営業でした。当初は不慣れで戸惑いました〉（要旨、以下同じ）

陸上自衛隊の東信一と知り合ったのは常務就任から三年ほどたった一九九五年ごろ。三木のほうから接近したようだ。東は防衛大卒のキャリア幹部候補。北海道出身。幹部（3尉以上）になるために入校する陸自幹部候補生学校で「需品」を専攻している。

需品とは、服やテント、炊事機材などの生活関連資材全般の総称で、伸誠商事の扱う防衛関連商品そのものだった。東の出世は間違いない、彼といい関係をつくれば伸誠商事の将来は安泰だと三木は踏んだ。そして接待がはじまる。

〈組織の動静を知りたい、特に納入機材についての役所の考えを知りたくて、接待を考えたのです。初めて東さんに会ったとき、親しみやすい方だという印象を持ちました〉

接待先は高級クラブ、ショットバー、すし屋。東は酒が好きで親しくなるのに時間はかからなかった。

「会社がやばくなったらよろしく」

「わかりました」

じきに、そうしたやり取りをする関係に発展する。

期待どおり東は順調に昇進していく。二〇〇〇年に2佐に昇任、陸上幕僚監部開発課の配属となり、弾薬の研究・開発業務を担う。伸誠商事の利益に直結するのは需品課で、東がいるのは開発課。部署は違ったが、東は需品課に顔が利いた。そんな東に三木は欠かさず中元・歳暮を贈った。

五年、六年と関係が続くにつれて、東は次第に遠慮がなくなってくる。自分のほうから接待を求め、勝手に飲み食いしたツケを伸誠商事にまわす。タクシーチケットを好き放題に使う。三木は困惑したが、いずれ会社のためになるのだからと容認した。

やがて東はパチンコやパチスロにのめりこみ、サラ金に借金をつくるようになった。東の妻が貯金をはたいて代位弁済をし、それでも足りずに実母や義母にも肩代わりをさせた。親族家族が財産を失ってもなお借金癖は治らない。

返済に窮した東が三木を頼るのは必然だった。捜査のなかで判明した金銭授受は次のとおりである。
▽二〇〇二年四月×日　東が「返済期日が迫っているので五万円貸してくれ。来月の給料で返す」と要求。三木はショットバーで接待し、五万円を貸す。タクシーチケットも渡す。
▽同年五月×日　すし屋で接待した際、東が「生活資金一〇万円貸してくれないか。まとめて返

す」と要求。パチンコでカネを使い果たして困っていた。二日後、三木は料亭で接待して一〇万円を渡す。

▽同年六月×日　東、債務整理を委任した弁護士の着手金が必要だとして「三〇万円立て替えてほしい」と要求。三木は「東さんが立ち直ってくれるなら貸しましょう」と、弁護士の口座に三〇万円を振り込む。

弁護士に委任して借金の整理をした後も東の遊び癖はとまらない。赤坂にあるナイトクラブのホステスに入れ込み、ツケを回した。

「こいつカネもっている。会社の立場上自由につかえるカネがあるんだ」

ホステスと三木の前で豪語したこともある。三木が不満気な顔をみせると東は言った。

「飲み代は安くしてもらっている。会社にいけばいくらでもカネはあるじゃないか」

仲誠商事の接待費は異常にふくらみ、三木は経理担当者への言い訳に苦労した。耐えかねて東に忠告したこともある。

「ツケまわしはやめていただきたい」

「もうアドバイスしてやらない」

あらたまるどころか東は開き直った。機嫌を損なうと仲誠商事の悪評を防衛庁内に広められる

防衛省玄関。東1佐は取引業者の三木とともに夜な夜な飲み屋街に繰り出した。

のではないか。三木は風評を恐れ、それ以上の苦言はやめた。

　野外炊具1号改のクレーム問題が本省の検討課題にあがってきた二〇〇四年ごろ、三木と東の不健全な関係は一〇年ちかくに及んでいた。野外炊具は伸誠商事にとって売り上げの四割をしめる主力商品だ。納入停止にでもなれば会社は深刻なダメージを受ける。三木は危機感を覚えた。

　腐れ縁だが三木としても頼れるのは東しかいない。すし屋に誘い、情報を求めた。

　ひとまず聞き出したのは「野外炊具を運用停止にする状況はない」「野外炊具1号改の不具合を改善する計画が行われるらしい」といった見通しだった。もっと情報がほしかった。不具合改善計画の内容がわからないものか。

「改善計画の内容がしりたい」

「わかった、調査する——」

　しばらくすると、東から新たな情報がもたらされる。改善計画の基本方針だという。

〈さしあたりバーナー部分に改良を加えることになった。またカマドの取り外しを可能にする。まずは「参考品」（試作品）を開発する〉

新情報を得て三木は考えた。

《他社にとられないよう、計画を先取りして伸誠商事で参考品を作れば納入継続は間違いない》

まだまだ情報が必要だった。参考品製作の費用が予算化されるかどうかも知りたい。以前、参考品を作ったものの予算がつかずに失敗した経験がある。同じ愚を繰り返したくはない。

そのころ東はヤミ金融の取り立てに悩まされていた。同僚にも借金をしている状況で、金策の手段は限られていた。せっぱつまった東は、職場からでも三木に電話をかけてくる。

「またお金が必要になった。六〇万～七〇万円貸してほしい」

三木はうんざりした。しかし、いま関係を切るわけにはいかない。野外炊具の情報を得なければ……。

「会社のカネなので必ず返済してほしい」

そう言って三木は要求をのみ、四〇万円を送金した。いつになく強い調子で言ったせいか、このときのカネは後に返済されたという。

※まさか発覚するとは……

東によるカネの要求は繰り返され、三木は渋々ながらも応じた。そして贈収賄に発展する。罪に問われた金銭授受と、野外炊具をめぐる動きを列記する。

▽二〇〇五年三月×日　都内を走行中の乗用車内。三木から東へ現金二〇万円が渡される。東は「野外炊具1号改改善計画の概算要求が行われるはずだ」と情報提供。カネは住宅ローンの返済とパチンコ・飲食代につかう。伸誠商事は情報をもとに、カマドを取り外しできるようにするなど改善を施した参考品をメーカーに発注する。

▽同年一〇月×日　接待場所のバーで東が「野外炊具の予算要求があがっている。二〇万円くらい用立ててもらえないか」と要求。三木は東の妻名義で二〇万円を振り込む。カネは、ヤミ金の返済、住宅ローン、パチンコやスロットでつかう。

▽同年一二月×日　野外炊具1号改に改善を加えた参考品が完成。

▽二〇〇六年三月×日　陸上幕僚監部で参考品の検討会議が開かれる。カマドの取り外し方が開発課で考えていた内容と違っていたため、「違うじゃないか」と批判が出た。これに対して東は伸誠商事が試作した様式を擁護する。結果、東の意見が採用された。

こうして参考品の入札が行われ、伸誠商事一社の参加で同社が落札する。形ばかりの入札だった。野外炊具1号改の納入継続は確実となった。

1佐の年収は一〇〇〇万円以上、退職金は約四〇〇〇万円。納入業者へ役員待遇で再就職するのが自衛隊高級幹部の慣例になっている、と検察官は法廷で指摘した。

事実、『しんぶん赤旗』などの報道によれば、防衛省との契約高上位一五社に在籍している同省OBは、二〇〇六年四月現在（一社のみ〇五年一〇月現在）で四七五人にのぼるという。三菱電機の九八人を筆頭に、三菱重工六二人、日立製作所五九人、川崎重工四九人などと報じている。

自衛隊法第六二条は、離職後二年間の再就職先について「その離職前五年間に在職していた防衛省と密接な関係にあるものに就くことを承諾し又は就いてはならない」と定めている。だが審査のうえ防衛大臣の承認を受ければ再就職は可能だとされ、取引業者に天下りする道は大きく開かれている。防衛省が公表しているところでは、二〇〇八年度一年間で、防衛省と取り引きのある企業に再就職した制服幹部（1佐以上）は八〇人。天下り先は三菱電機がもっとも多く、計八人（空将一人・空将補三人・1等空佐一人・陸将一人・陸将補一人・海将補一人）を顧問などとして受け入れている。

特定企業と相当密接な関係がある立場にいたとみられる隊員でも再就職は認められている。東も、もし事件になっていなければ仲誠商事への再就職くらい難なくできたことだろう。

「まさか発覚するとは思っていなかった」

「借りただけ。返すつもりだった」

派手な接待や利益供与を頻繁に受けながら東は高をくくっていたようだ。仲誠商事との癒着ぶりが省内で噂となり内部調査が行われた。それでも東はシラを切って追及をかわしたといわれる。自衛隊内部の犯罪を捜査するはずの警務隊では立件できず、東らを逮捕したのは警視庁捜査二課だった。

二〇〇七年一二月一八日、東京地裁は東に対し、懲役一年六カ月・執行猶予三年・追徴金四〇万円の猶予刑を言い渡す。

〈官民の間には長い期間にわたって根深い癒着があったとの疑いさえ持たれかねないのであり、全体的な悪影響ははかりしれない。したがって、本件の犯情は相当に悪く、被告人の刑事責任は重いものがある〉

判決文はそう指摘したうえで「野外炊具の改善計画の実施決定過程に被告人の影響力が及んでいるとは認められない」「懲戒免職処分となり、すでに相当な社会的制裁を受けた」と情状を認めた。文字通り東を育ててきた三木も執行猶予判決を受けた。仲誠商事は一時指名停止となったが、現在は防衛省と取り引きを再開している。

二人に有罪判決が下された日は、奇しくも東京地検が守屋武昌《もりやたけまさ》・事務次官を収賄容疑で再逮捕した日だった。国会や政界、マスコミが騒然とするなか、「野外炊具事件」は世間の記憶から消えようとしていた。

※守屋事件と三菱重工

いわゆる「守屋事件」について簡単にふれる。

防衛商社「山田洋行」元専務の宮崎元伸氏らからゴルフ旅行など度重なる接待を受け、見返りに受注の便宜供与をしたとして、東京地検特捜部は二〇〇七年一一月二八日、守屋武昌・防衛事務次官と守屋氏の妻を収賄容疑で逮捕した。三度目の国会喚問を目前に控えた公権力による身柄拘束だった。

贈賄側は、宮崎元専務と山田洋行役員、同社米国現地法人の社長が逮捕され、守屋氏とともに横領や贈収賄容疑などで起訴される。守屋氏の妻は不起訴となった。

事件の焦点は、社団法人「日米平和・文化交流協会」という公益法人（現在は特別民法法人）にも広がる。ここを舞台に、日米の政治家や官僚、防衛産業が密会・密談を繰り返している疑いが、大門実紀史《だいもんみきし》・参議院議員（共産）の指摘を皮切りに浮上したのだ。交流協会の理事には会長の瓦《かわら》力《つとむ》・元防衛庁長官をはじめ、久間章生《きゅうまふみお》、額賀《ぬかが》福志郎、石破《いしば》茂、安倍晋三の各氏など与党の有力政治家、前原誠司氏ら民主党元幹部らが、大小防衛産業の経営者らとともに名を連ねていた。過去二回の証人喚問に立った守屋氏の口からは、「久間」「額賀」の名前も出た。交流協会も後に捜査の対象となり、常勤理事の秋山直紀氏が脱税容疑で逮捕される（公判中）。

だが、結局そこまでだった。

〈……疑惑はしかし、ゴルフざんまいの役人夫婦にとどまらない。政治家がうごめく防衛利権の闇を、今度こそ納税者の前にさらしてもらいたい。接待費とはケタ違いの税金が食い物にされている図が、そこにある。（中略）検察がたたきつぶすべきは巨悪と、国庫の地下を縦横に走る病巣である〉

守屋次官逮捕の翌朝、二〇〇七年一一月二九日付『朝日新聞』朝刊の「天声人語」は説いた。しかし、期待はむなしく、政界に司直のメスは及ばないまま東京地検は捜査を終える。防衛利権の闇を暴いたとも、巨悪を叩き潰したとも、とうてい思えない中途半端な印象を残した幕切れだった。

二〇〇八年一一月五日、東京地裁は守屋前次官に対し、懲役二年六カ月・追徴金約一二五〇万円の実刑判決を言い渡した（現在控訴中）。宮崎元専務は懲役二年の実刑判決（同）。残りの二人はいずれも執行猶予付きの有罪判決を受ける。

守屋事件で有名になった日米平和・文化交流協会。その理事に、かつて「西岡喬《たかし》」という名があった。三菱重工業株式会社の前会長だ。防衛産業に詳しいジャーナリストの篠原隆史氏が言う。

「兵器を売ってもうける企業と、その企業からカネをもらっている政治家、利権にあやかる官僚。守屋事件は、構造的な癒着の末端で起きた事件に過ぎません。そして、この利権構造の頂点にいるのが三菱重工なのです」

三菱重工と防衛省との年間契約高は二七〇〇億円超。かたや山田洋行は約四〇億円で、五〇分の一にも満たない。

「三菱重工株式会社」のプレートを付けた自衛隊の車両

篠原氏が続ける。

「三菱重工ほど兵器でもうけてきた会社はありません。防衛庁（省）との取引高は、戦後ほぼ一貫して一位です。三菱重工にくらべれば、守屋がかかわってきたのはごく小さな会社。小さな軍事商社のスキャンダルを暴いたところで、三菱重工を頂点とした防衛関連企業・兵器産業と、政治家、官僚でつくる利権構造は小揺るぎもしない。守屋次官の事件は話題にはなりましたが、やはり三菱重工との関係には踏み込めなかった。山田洋行が失脚したら別の会社が喜ぶ。守屋が失脚したら別の官僚が喜ぶのが関の山。それほど防衛利権の闇は深いということです」

「闇」の全容は想像すらつかないが、規模が大きいものから小さなものまで、防衛省の隅々まで「利権」体臭がしみついている雰囲気は次のような卑近な話からも感じることができる。

二〇〇九年のはじめ、長崎県の海上自衛隊基地隊司令だった1佐が不倫を理由に減給処分を受けた。

妻子ある身で既婚者の女性と交際していたところ関係が破綻。その後も「離婚してくれ」などと言っていたため相手側の家族から慰謝料を請求されるトラブルに陥っていた。女性側は防衛省に苦情を申し立てたが状況は改善しなかった。

自衛隊では、既婚者との交際は「不適切な男女関係」として懲戒処分の対象となる。艦載ヘリコプター部隊を抱える基地の司令として人事権や懲戒権を持っていた1佐も、自分の行為が規律上問題になることは認識していた。

その挙句の処分だった。処分は「私的行為」だという理由で公表されていない。定年退職を数カ月後に控えていた。

処分に先立ち、1佐は長崎から青森に転勤を命じられた。左遷人事だと思いきや、そのわずか二カ月半後、本省に再転勤となった。本人が周囲に語ったところでは、青森転勤は報道関係者から遠ざけるためだったとか。さらにこう話していたという。

「再就職先を探さなければいけない。東京にもどりたい。自分のような高級幹部は月給二〇万円などといったところには行けない。後輩のためにも五〇万円くらいはないと困るのだ」

希望通り東京に戻った1佐は、企業関係者に会うなど「天下り活動」に励んだ模様だ。再就職が決まったかどうかはわからない。二度の異動にともなって、数十万円は下らない引っ越し手当てが税金から支給された。精算の必要がない定額支給だという。その後受け取ったとみられる退職金は推定でおよそ五〇〇〇万円。

東京への再異動は、定年退職を前に「天下り活動」ができるよう海自の上層部が便宜をはかった可能性が高い。

自然の節理として、形あるものは壊れ権力は腐る。野外炊具事件も防衛医科大の汚職も、守屋事件も、構造的病理の片鱗にすぎないのか。

3　ヒゲの隊長と防衛省の官製選挙疑惑

※田母神空幕長ら高級幹部7人が政治献金

二〇〇八年九月一二日、〇七年分の政治資金収支報告書（総務省届け出分）が公開された。〇七年七月の参議院議員選挙で初当選した元陸自1佐・佐藤正久氏の資金管理団体「さとう正久を支える会」（代表・佐藤正久氏、新宿区市谷本村町）の報告書も公開された。その記載から、田母神《たもがみ》俊雄《としお》・航空幕僚長（当時）や折木良一・陸上幕僚長（後に統合幕僚長）ら、制服組トップを含む高級幹部自衛官七人が政治献金をしていることがわかった。

報告書によれば、田母神空幕長は参院選直前の二〇〇七年六月七日付で一〇万円を献金、折木陸幕長も六月八日に八万円を献金したという。また、1佐クラスの幹部自衛官五人も献金を行ったと書かれている。五人の氏名と肩書きは次のとおり（階級と肩書きは献金当時）。

▽佐藤次郎（1等陸佐・帯広地方協力本部長）五月三一日＝六万円

▽菅野茂（1等陸佐・多賀城駐屯地司令）六月一日＝一〇万円
▽丹羽浩之（1等陸佐・第13後方支援隊隊長）六月一三日＝一〇万円
▽妻鳥元太郎（1等海佐・海自佐世保病院院長）六月一九日＝一万円
▽飯尾俊政（1等海佐・海上幕僚監部人事教育部厚生課長）六月一九日＝一万円
これら要職にある1佐五人に幕僚長二人を加え、収支報告書に記載されている現職自衛官はぜんぶで七人、献金額は計四六万円にのぼる。

およそ半世紀前の一九六二年、元海軍航空参謀の源田実・航空幕僚長が自衛隊を退職して参議院議員選挙全国区に自民党から出馬、七〇万票以上を取って当選した。しかし、彼の場合でも自衛隊トップがあからさまに支持するということはなかった。特定の政治家に対して七人もの現職高級幹部が一斉に献金をしたというのは自衛隊史上例がない。

元１等陸佐の佐藤正久・自民党参議院議員

「さとう正久を支える会」の報告書をもっと詳しく見てみよう。
同会が二〇〇七年一年間で得た収入は一億三一二二万九四三九円。内訳は、政治資金パーティーや書籍販売事業による収入が五〇八六万七五五五円、政党支部や政治団体からの寄附三九〇〇万一四一八円、個人献金は四一三六万七二六六円。この個人献金四〇〇〇万円あまりのうち、氏名や住所・職業が記載されているものが約一〇〇〇万円分ある。人数にして約九〇人。田母神空幕長ら幹部七人の名前は、このなかにあった。

リストには自衛隊高級幹部ＯＢの名も多い。寺島泰三氏（元統合幕僚会議議長）、志摩篤氏（元陸上幕僚長）、西元徹也氏（元統合幕僚会議議長）。二〇〇七年三月二八日まで陸上幕僚長を勤めていた森勉氏（現三菱電機顧問）の名前もある。森氏は退職から一カ月後の五月一日付で一〇〇万円を献金している。

残りの約三〇〇〇万円については、通年で五万円以下の個人献金については記載義務がない、という政治資金規正法の規定により名前も職業も書かれてない。したがって、献金をした現職自衛官がほかにもいるのかどうかはわからない。

※服務の宣誓

現職幹部が政治献金をしていたという事実に少なからぬ自衛隊関係者が驚く。

「政治献金？　本当ですか。現職で政治献金だなんて絶対にありえません。知り合いの候補の事務所でビールを運ぶだけでも上司に報告しなきゃいけない。誤解を招く行動はするな、と口をすっぱくして服務指導されている。献金なんて考えたこともありません」

ある現役の空自隊員はそう話す。別の元陸自幹部も言う。

「現役の身分で政治献金なんて聞いたことがありませんね。私たちがもし献金して、上司に発覚すれば大変なことになりますよ。自衛隊法で『政治活動』は禁止されているんですから」

正確にいうと、自衛隊員の政治的行為は「禁止」ではなく「制限」されている。だが一般的な隊員の感覚は「禁止」だ。自衛隊法施行令第三九条が定めた「服務の宣誓」には、文字通りこううたわれている。

〈宣誓――私は、我が国の平和と独立を守る自衛隊の使命を自覚し、日本国憲法及び法令を遵守し、一致団結、厳正な規律を保持し、常に徳操を養い、人格を尊重し、心身を鍛え、技能を磨き、政治的活動に関与せず、強い責任感をもつて専心職務の遂行に当たり、事に臨んでは危険を顧みず、身をもつて責務の完遂に務め、もつて国民の負託にこたえることを誓います〉（傍点は筆者）

自衛隊法第六一条第一項は「政治的行為の制限」を以下のとおり規定する。三年以下の懲役または禁錮という罰則つきだ。

〈隊員は、政党又は政令で定める政治的目的のために、寄附金その他の利益を求め、若《も》しくは受領し、又は何らの方法をもってするを問わず、これらの行為に関与し、あるいは選挙権の行使を除くほか、政令で定める政治的行為をしてはならない〉

――政党のため、あるいは「政治的目的」のために寄附金などの利益を求めてはならない。また、寄附や利益を求める行為に関与してはならない。政令で定める「政治的行為」も行ってはならない。簡単にいえばそういうことだろう。「政治的目的」には、特定の政党や議員候補を応援する行為が含まれる。

寄附金集め以外の行ってはならない「政治的行為」の数々は、自衛隊法施行令第八七条で細かく定めている。

一、政治的目的のために官職、職権その他公私の影響力を利用すること。
二、政治的目的のために寄附金その他の利益を提供し、又は提供せず、その他政治的目的を持つなんらかの行為をし、又はしないことに対する代償又は報酬として、任用、職務、給与その他隊員の地位に関してなんらかの利益を得若しくは得ようと企て、又は得させようとし、あるいは不利益を与え、与えようと企て、又は与えようとおびやかすこと。

すなわち、ある候補に投票するよう上司が部下に圧力をかけてもダメ。特定の政党や候補に寄附をした隊員を上司が人事面で優遇したり、逆に寄附をしなかったことで不利に扱うのも違反だ。

自衛隊員がしてはならない「政治的行為」はまだある。

一二、政治的目的を有する文書又は図画を国の庁舎、施設等に掲示し、又は掲示させ、その他政治的目的のために国の庁舎、施設、資材又は資金を利用し、又は利用させること。
一三、政治的目的を有する署名又は無署名の文書、図画、音盤又は形象を発行し、回覧に供し、掲示し、若しくは配布し、又は多数の人に対して朗読し、若しくは聴取させ、あるいはこれらの用に供するために著作し、又は編集すること。

特定候補を応援するビラや文書を自衛隊施設に掲示したり、候補のために施設を使わせてもダメ。応援文書を回覧してもダメだという。

田母神空幕長らの政治献金は、この厳しい法令に照らしてどうなのか。防衛省に見解をただす。

——田母神空幕長らの政治献金は問題がないのでしょうか。

返ってきたのは次の回答だ。

「個人的な献金ですから問題はありません」

ずいぶんあっさりしている。

なるほど、よく見ると自衛隊法施行規則には個人献金自体を禁止した項目はない。しかし違和感が残る。役職のない一般隊員の献金ならまだしも、佐藤氏に献金をした七人は、すべて最高司令官を含む高級幹部である。懲戒権や人事権を握る人物だ。給料は高水準で役職手当も支払われている。そうした高い立場にある管理職の政治献金が、部下にいっさいの政治的影響を与えなかったと言い切れるのか。

釈然としないまま、二〇〇七年夏の参議院議員選挙と佐藤正久氏、そして防衛省をめぐる動きを検証した。

※自衛隊施設で選挙運動?

陸上自衛隊イラク復興業務支援隊の一次隊隊長としてサマワに派遣され、〝ヒゲの隊長〟のニックネームでマスコミに登場していた佐藤氏だが、帰国してから選挙に出るまでのことは、あまり知られていない。

半年間のイラク任務を終えて佐藤1佐が帰国したのは二〇〇四年八月。帰国後、すぐに福知山駐屯地の司令となり、〇六年八月から陸自幹部学校戦略教官室の主任教官を務めるようになった。二カ月後の同年一〇月、佐藤教官は「イラク人道復興支援活動の教訓に関する巡回説明」と題する講話を開始する。全国各地の陸・海・空部隊を訪ね、講堂や体育館などに隊員を集めて演説するというものだ。この巡回説明を主催した責任者は当時の陸上幕僚長である森勉氏だった。後に退職して佐藤氏に一〇〇万円を献金した人物である。

防衛省が作成した資料によれば、佐藤教官による「巡回説明」は一〇月から一二月まで三九回行われた。演説内容は不明だが、約二〇〇〇人の隊員が聴講した会場もあったという。「巡回説明」の最終回は、一二月二〇日、陸自青森駐屯地で行われた。次期参院選での佐藤氏擁立を自民党が発表したのは、この翌日だ。

年が明けた二〇〇七年一月九日、防衛庁は「防衛省」に昇格する。翌一〇日、佐藤1佐は現職最後の仕事となる「講話」を陸自幹部学校で行い、一一日付けで退職する。一二日にはさっそく記者会見を開いて出馬を表明した。

「二〇〇六年六月に額賀福志郎・防衛庁長官（当時）から出馬を打診され、年末に立候補を決意した」

出馬のいきさつについて、佐藤氏は新聞記者にそう語っている。

退職と同時に、佐藤氏は自民党支部長に就任、政治資金管理団体「さとう正久を支える会」の届け出を行い選挙活動の態勢を整えた。

自衛隊を辞めて立候補予定者となった佐藤氏は、今度は「教官」から「部外講師」に立場を変えて自衛隊の部隊訪問を再開する。同年一月の退職後から七月一二日の公示まで、自衛隊施設をつかった佐藤氏の講話は、防衛省が認めたものだけでも六五回を数える。聴講した隊員の数を仮に平均一〇〇〇人とみれば、延べ六万五〇〇〇人もの隊員が立候補予定者・佐藤氏の話を聴いた計算だ。

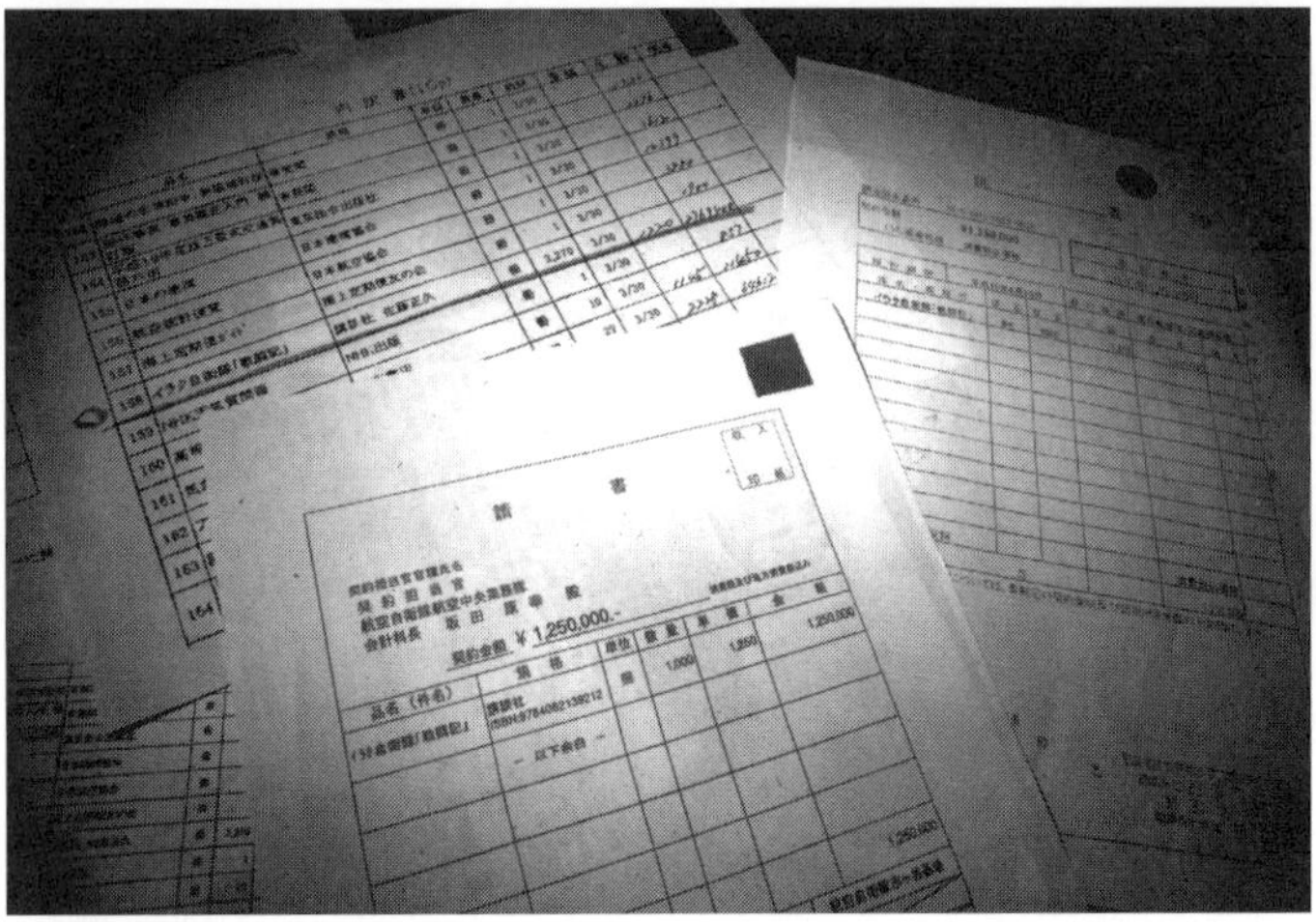

防衛省が購入した『イラク自衛隊「戦闘記」』（佐藤正久著）の契約書類。合計4480冊にのぼる。

二〇〇七年三月、佐藤氏は『イラク自衛隊「戦闘記」』（講談社）を出版した。すぐに「出版記念パーティー」と題する政治資金パーティーを開催している。タイミングから考えて、集票効果を期待した出版と解釈するのが自然だろう。

この本の広告を、事実上の自衛隊広報紙である『朝雲新聞』が繰り返し掲載した。広告費用を出したのは、佐藤氏が支部長を勤める自民党東京都参院比例区第六二支部だ。同支部の収支報告書によれば、四月から六月にかけて計二八万三五〇〇円の「新聞広告料」を朝雲新聞に支払ったとある。

著書をめぐっては、投票前の三月から五月にかけて防衛省が大量に買い上げた事実も判明している。陸上自衛隊中央会計隊は、発刊とほぼ同時の二〇〇七年三月一九日に二二七〇冊（契約金額＝二七六万九四〇〇円）、同月二六日に一〇〇冊（同一二万八八〇〇円）を一括購入し、陸自中部方面会計隊（伊丹駐屯地）も同月二三日に八三冊（同一二万四五〇〇円）を買った。航空自衛隊は、航空中央業務隊が三月二七日に一〇〇〇冊（同一二五万円）、海上自衛隊が五月二三日、東京業務隊を通じて一〇〇〇冊（同一二五万円）をまとめて買っている。

このほか内部部局が六冊、陸上自衛隊の札幌、滝川、朝霞、健軍などの各駐屯地でも一冊〜七冊を独自に購入している。

防衛省全体でみると、じつに四四八〇冊（契約金額で五五六万円）も「戦闘記」を買っている。平均的な単行本の出版で考えると、初版分を丸ごと自衛隊が買い上げたに等しい。およそ隊員五五人に一冊。一小隊に一冊が行きわたる数である。立候補予定者の一般書をこれほど大量に購入した例は自衛隊史上ない。

定価は消費税抜きで一五〇〇円。佐藤氏と講談社がどんな出版契約を結んでいるのかは不明だが、仮に印税を一〇%とすれば自衛隊分だけで約七〇万円の印税収入である。

陸海空が中央で一括購入した佐藤本は、各幕僚監部が作成した「配布表」に従って全国各地の部隊に配布されたという。航空自衛隊の場合は、田母神空幕長自ら「空幕長補給指示図書」に指定するという念の入れようだ。

さて、二〇〇七年四月になると朝雲新聞で佐藤氏による手記の連載がはじまった。タイトルはこうだ。

「後輩に伝えたい／海外任務の体験と教訓／ヒゲの隊長・佐藤正久元1陸佐」

朝雲新聞の発行部数は約二五万部だという。読者のほとんどは自衛隊員である。彼らのもとへ手記は毎週欠かさず届けられた。連載は、公示直前の六月半ばまで一〇週にわたって続く。

選挙には旧日本軍関連団体も積極的に動いた。佐藤氏の後援会「佐藤正久を支える会」の会長には、元陸軍少尉で富士通名誉会長の山本卓眞氏がつく。山本氏は財団法人「偕行社《かいこうしゃ》」（現在は特例民法法人）の会長でもある。

偕行社は旧陸軍の将校団体だ。明治時代に起源を持つ。戦前は絶大な財力と政治力を持っていた。敗戦後はＧＨＱに解体されるが、一九五七年に厚生省所管の公益法人として復活、靖国神社参拝など「陸軍関係の戦争犠牲者の福祉増進と会員の親睦」活動を続けてきた。

自衛隊と一線を画してきたハズだったこの旧軍組織が防衛省と公式に関係を結んだのは二〇〇七年三月。「陸上自衛隊殉職隊員の慰霊等」を行うという理由で所管官庁に防衛省が加わった。偕行社の厚生労働省・防衛省共同所管が実現した背景には当時の森陸幕長の働きがあったようだ。〇五年一二月に開かれた陸自高級幹部会議で森陸幕長が「偕行社を友誼団体として認知・支援すべき方針を示」したとホームページにいきさつが書いてある。

防衛省共同所管の実現と同時に、偕行社は自衛隊幹部ＯＢの勧誘を開始する。陸幕長の森氏も、二〇〇七年三月末に自衛隊を退職するとすぐに偕行社の会員となったという。前陸幕長もかかわる勧誘活動の結果、自衛隊ＯＢが続々と入会し、現在、八〇〇人以上の自衛隊ＯＢが会員になったと偕行社ホームページにはある。

森氏の後任として新しく陸幕長になったのが現統合幕僚長の折木良一氏だ。折木陸幕長は四月一二日、全陸自部隊にあてて通達を出して偕行社支援を指示する。

〈――部隊等の長は社から送付される資料、機関誌等の回覧、掲示等、又はその他適切な方法を講じることによって、隊員に対する社の目的、事業等の趣旨及び活動状況の普及に協力するとともに、各種関係行事等の機会をとらえ、隊員に対する社との連帯感の育成に努めるものとする〉

（陸幕長通達「偕行社の支援要綱について」より）

元陸上幕僚長・森勉氏

陸自ＯＢである佐藤氏の選挙を旧陸軍将校団体が直接的に支え、その旧軍団体を陸自が全面支援するという〝連携プレー〟である。

※寄附用紙を部隊で回覧か

佐藤氏への寄附を部隊内で公然と募っていたとの証言もある。事実なら完全に自衛隊法違反だ。

北日本の部隊に勤務する航空自衛官が言う。

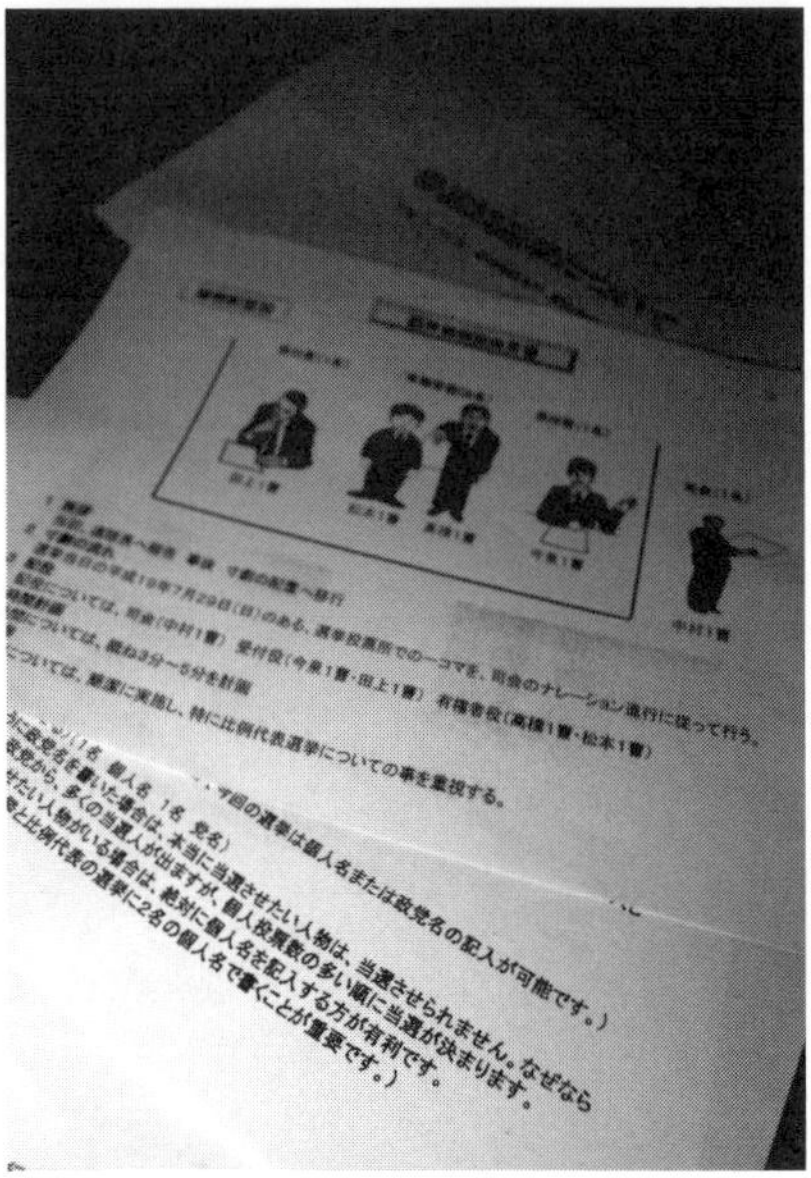
参院選公示前日に陸上自衛隊別府駐屯地で行われた「寸劇」の台本

「二〇〇七年の五月か六月ごろだったと思います。隊員が出入りする総務課のカウンターの上に寄附の用紙が置かれていたのを見ました。回覧用のバインダーにはさんであって『佐藤正久氏を応援するために協力してください』とか、確かそんな内容のことが書かれていました。郵便局の赤い振り込み用紙も五枚ほどあって、寄附は部隊名ではなく個人名で振り込むように、という注意が、司令名で鉛筆書きされていました」

問題になる気配はなかったという。振り込み用紙がバインダーにはさまれた様子や現場の見取り図を絵にかいて、自衛官は具体的に説明した。

別の部隊では、隊員への投票圧力を疑わせる事件が起きている。

参院選公示前日の二〇〇七年七月一一日。陸上自衛隊別府駐屯地の朝礼で「寸劇」が行われた。出演者は「マリオ」「パンチ」という二人の隊員。期日前投票を行うという設定である。内部資料によれば、寸劇の狙いは、比例代表制選挙の仕組みや選挙にいくことの重要性を隊員に伝えることにあったという。

〈得票をたくさん得た政党から、多くの当選人が出ますが、個人得票数の多い順に当選が決まります。その為、本当に当選させたい人物がいる場合は、絶対に個人名を記入する方が有利です〉

台本にはそのようなナレーションもある。同駐屯地によれば、選挙前に寸劇をしたのは初めての試みだったという。

この駐屯地に所属する男性陸士長（二一歳）が公職選挙法違反で警察に検挙されたのは、寸劇から一〇日あまりたった同月二三日。別府市役所で同僚隊員になりすまして期日前投票を試みた詐偽投票容疑だった。陸士長に身代わりを頼んだのは同僚の男性1等陸士（二二歳）。身代わりを頼んだ動機について、1士はこう述べたとされる。

「投票にいくのが面倒だった」

頼まれたほうの陸士長はいったん拒んだ。しかし、たびたびの要求に断りきれなかったとみられる。頼んだ側の1士は停職四日、頼まれた側の陸士長は同三日の懲戒処分を受けた。誰に投票しようとしたのか、なぜそこまでして投票したかったのか。事件の核心部分について同駐屯地の広報担当者に尋ねたが、「答えられない」というばかりで要領を得ない。

参議院選挙の投票は二〇〇七年七月二九日に行われた。自民党に逆風が吹くなかで佐藤正久氏は二五万票あまりを獲得、初当選した。自民党全国比例区では当選した一四人中六番目の獲得票数だった。

偕行社の機関雑誌『偕行』二〇〇八年一月号に、選挙協力に対する佐藤氏の謝辞が顔写真入りで掲載されている。

〈私は、昨年の参議院選挙の折に、皆様方のご支援を賜り、国政の場に送っていただきました。特に、山本卓眞偕行社会長には、格段のご指導、ご鞭撻を賜り、現在も「佐藤正久を支える会」の会長としてご支援をいただいております。衷心より厚くお礼申し上げます（後略）〉

公益法人である偕行社が佐藤氏の選挙を支援していた。公私混同の政治活動を佐藤氏自身が認めたようなものだ。また、こうした当選後の「あいさつ」は公職選挙法第一七八条が禁止する行為でもある。

※「いちいち確認ができない」と大臣

二〇〇八年一二月一〇日の衆議院決算行政監視委員会。自衛隊トップによる佐藤氏への政治献金問題について、民主党の平岡秀夫委員が浜田靖一・防衛大臣をただした。（カッコ内は筆者注、以下同）

平岡　……寄附がされていたら、その目的が何のためにされているかというのは、少なくとも確認しなければ、その個人がどんな思いで献金したかというのはわからないじゃないですか。ちゃんと確認しているんですか、それを。
浜田　これは当然、自衛隊員であるなしにかかわらず、寄附の行為というのは認められているわけでありますので、その意味では、いちいちそれを我々の方で個人的にどのような寄附行為をしているかというのを確認ができないということであります。

「確認ができない」と開き直る浜田大臣に対し、平岡委員は追及を続ける。

平岡　……簡単に言えば、寄附金を提供することに対する代償として、職務その他隊員の地位に関して何らかの利益を得ようと企ててはいけない、これが（禁止されている）政治的行為だと言っているんですよ。ただ単に寄附をすることだけではこれに違反するとは言えないかもしれない。だけれども、寄附したことがあるんだったら、それが何の目的のために寄附されたか、これを確認するというのは当たり前の話じゃないですか。なぜそれができないんですか。ちゃんと確認してください。確認することを約束してください。
浜田　我々は、そういう意味では、要するに寄附行為に対する制限がしっかりと自衛隊法の中で書かれているわけですから、それに該当しないということで今日は申し上げているつもりでございます。

確認はしていないが問題ない――。大臣は最初に結論ありきの中身がない答弁に終始した。

参院選前に「部外講話」として佐藤氏が頻繁に自衛隊施設を使った問題については、二〇〇九年四月六日の同委員会で、おなじく平岡委員が質問した。

平岡　参議院選挙に関連して自民党の全国比例区で当選された佐藤正久さんがですね、自衛隊を退職されたのち、自衛隊の部隊長が、自衛隊の施設に佐藤さんを呼んでですね、自分の部下たちに佐藤さんの講話を聞かせたと。防衛省から調べていただいただけでも実に六五回もですね、部外講師として話をしている。わたしは、このような事態というのはかなり問題がある事態じゃないかというふうに思っている。（中略）人事教育局長が出した通知のなかにもですね、これは公職選挙法上の問題があるということで、立候補予定者についてはですね、政治的内容を含む講話をさせるようなことをやってはいけない、ということで明確に書かれている。防衛省としてどうお考えなのか……。

平岡委員のいう「人事教育局長通知」とは、参院選投開票の三カ月あまり前の二〇〇七年四月四日に、増田好平・防衛省人事教育局長（後に防衛事務次官）名で出された「選挙における職員の服務規律の確保について」と題するものである。陸海空の各幕僚長あてに出された。隊員の「容認されない行為等」として次の参考事例を挙げている。

○選挙区内の立候補予定者から、賞品・記念品・優勝旗・カップ等の寄附を受けること。又は寄附を勧誘、要求すること。
○立候補予定者の表敬を受けた後、部下等を集めて政治的内容を含む懇談をさせること。
○立候補予定者に政治的内容を含む部外講話をさせること。
○立候補予定者が記念行事において政治的な内容を含む祝辞等を述べることを承知で祝辞を依頼すること。

通知と照らして「政治的な内容」の有無をただす平岡委員に対し、浜田大臣の答弁はやはり歯切れが悪い。

浜田　……いま、先生からお話があったように政治的部分というよりもですね、われわれとすれば常に佐藤議員のですね、講話というのはイラクにおける活動等に対してですね、えー私見を述べておる、ということでございましてですね。そういった意味ではわれわれとしては政治的な意図があってそういうことをしているということではないというふうに、われわれは考えております。

平岡　……政治的部分がはいっていないということはどうやって確認したんですか。確認できているんですか？

浜田　われわれとすればですね、その各講話については聞いておりますけれども、しかしながら、これはあくまでも体験を語っているということでありますので、その、政治的な内容はなかった、というふうに思っているところであります。

平岡　……イラクに対する自衛隊の派遣というのはですね、この国会でも相当議論がされてですね、野党の多くがイラクの派遣については問題があるということで反対をした法案ですね。それについて話をするということが政治的内容を含んでいないというのは、わたしはおかしいと思います。（中略）ついでに聞きますけれども、六五回も、こういう「政治的な内容」を含んでいないといわれている講話をさせたほかにですね、同様の、政治的な内容を含んでいないということから、参議院全国比例区とか参議院の立候補予定者で、自衛隊の施設で講話させた例は（ほかに）あるんですか。

浜田　あ、それは聞いておりません。

のらりくらりとした大臣答弁のなかで、意味があったのは最後の部分くらいだろう。

「あ、それは聞いておりません」

選挙前に自衛隊施設で何十回も話をした立候補予定者は、佐藤正久氏を除いて過去誰もいないという。ことの異様さを大臣自身が認めた瞬間だった。

佐藤氏の選挙をめぐる疑惑は、民主主義の根幹である選挙の公正さと、「国民全体の奉仕者」であるべき公務員の職務の公正さにかかわる疑惑である。六五回の「部外講話」で佐藤氏はいったい何を話したのか。本当に「政治的内容」は一言もなかったのか。説明を求めるべく、わたしは陸海空の各幕僚監部に対して情報公開請求の手続きを行った。そのうちの海上幕僚監部から結果を伝える手紙が二〇〇八年暮れに届いた。

全面不開示――。

「特定の個人の権利利益を害するおそれがある」から開示できないというのだ。

選挙の事前運動期間中、佐藤氏は連日のように防衛省施設をタダで使い、ときには日当をもらいながら大勢の隊員――すなわち有権者を前に〝演説〟をした。その状況がわかる公文書を、防衛省は国民に見せることができないという。公表すれば佐藤氏の「権利利益」が失われ得るという事実そのものが、〝ヒゲの隊長〟議員誕生の胡散臭さを雄弁に物語っている。

4　田母神〝将軍〟の燃料垂れ流し出張

※女性隊員はホステス代わり？

柄入りの開襟シャツを着た田母神俊雄・航空幕僚長がこちらを向いて笑っている。左手が横にのびて和服を着た女性の肩を抱いている。目の前のテーブルにはビールと料理。背後で制服姿の隊員らが笑う。

「部隊視察の様子です。女性は〝ホステス〟役に駆りだされた事務官ですよ」

写真の現場に居合わせたという隊員は説明する。

この一枚のスナップ写真が縁で、わたしは田母神空幕長の視察に興味を持った。部隊視察とは何なのか。とりあえず情報公開請求をしてみたところ興味ぶかい事実が浮かびあがった。どこへ行くにもたいてい自衛隊の飛行機で移動している。それも、東京・市ヶ谷の防衛省から大型ヘリコプターで飛び立ち、またヘリで庁舎に戻ってくるといった、まるでハイヤーのような乗り方なのだ。

なぜ一般の公務員のように自動車や公共交通機関を使わないのか、率直な疑問がわいた。

情報公開で開示された資料によれば、二〇〇八年四月から九月までの半年間で、田母神空幕長は航空機を使った出張を九回行っている。うち国内出張が六回。そのうちのひとつ、二〇〇八年四月一五日から一六日にかけて実施された「空自根室分屯基地・襟裳《えりも》分屯基地初度視察」（筆者注＝「初度」とは、官僚用語で「初めて」という意味）について分析を試みた。

旅程は「行動概要（基準）」という文書に細かい。

【四月一五日（火）】
市ヶ谷〇九二〇発↓（回転翼機）↓入間《いるま》基地〇九四〇着／一〇〇〇発↓（固定翼機）↓千歳《ちとせ》基地・昼食含む一一三〇着／一二三〇発↓（回転翼機）↓根室分屯基地一四〇〇着／一七〇〇発↓（部隊車両）↓宿舎
【四月一六日（水）】
宿舎〇八一五発（部隊車両）↓根室分屯基地〇八三〇発↓（回転翼機）↓襟裳分屯基地〇九四〇着／一三一〇発↓（回転翼機）↓千歳基地一三五五着／一四一五発↓（固定翼機）↓入間基地一五五五着／一六一五発↓（回転翼機）↓市ヶ谷一六三五着

航空自衛隊の大型輸送ヘリコプター・ＣＨ−47Ｊ。中央奥の白い機体はＵ−４ジェット機（入間基地）

数字は時刻のようだ。機種については防衛省に問いあわせて確認した。「回転翼機」とは航空自衛隊のＣＨ-47Ｊ輸送ヘリコプター、「固定翼機」は同じく空自のＵ-４ジェット機だという。

ＣＨ-47Ｊはローター（回転翼）を二基持ち、乗員三人のほか五五人が乗れる大型輸送ヘリだ。自動車も搭載できる。Ｕ-４は米国ガルフストリーム社製の高級ビジネスジェット機で定員は約二〇人。

「行動概要」には、これらの自衛隊機を最大限に駆使して出張が行われたことが示されていた。四月一五日午前九時二〇分、防衛省Ａ棟屋上にあるヘリポートをＣＨ-47Ｊで離陸。翌日午後四時半すぎ、同じ場所に同型機で降り立っている。この間、電車やモノレール・タクシー・民間機といった公共交通機関を使う場面は一度もない。自動車は根室分屯基地と

「宿舎」の間だけである。

また、使用した自衛隊機はすべて田母神空幕長の出張のために飛ばした特別便だという。ＣＨ-47Ｊの場合、わざわざ空幕長のために、ＶＩＰ（重要人物）仕様のリクライニング椅子を機内貨物室中央部に取り付けさせている。

防衛省の屋上ヘリポートにはＣＨ-47Ｊの格納庫があるわけではないから、空幕長が防衛省から出発するときには入間基地（埼玉県）などから飛来しなければならない。出張の戻りについても、ヘリはいったん防衛省に空幕長を降ろしてから基地まで戻ることになる。送迎タクシーのように、空幕長が乗り降りするたびに最寄りの基地と防衛省との間を行ったり来たりするのだという。

※消費燃料はドラム缶八〇本分？

二〇〇八年春といえば世界的な原油高騰のさなかにあった。暖房費の大幅な増加に苦労する北国の市民の様子が新聞やテレビで報じられた。防衛省は概算要求で前年比六割増の一七九九億円もの燃料費を計上、各地で訓練を自粛して節約をアピールした。

こうした状況から気になったのは、空幕長の北海道出張に要した燃料の量である。一泊二日の日程を通して、空幕長を乗せたＣＨ-47Ｊの飛行は五回。飛行時間は計四時間。Ｕ-4は入間―千歳の一往復で、飛行時間は三時間あまり。これだけ飛んでどれくらいの燃料を消費したのだろうか。

ある元空自隊員は言う。

「燃料搭載量など正確に計算する必要がありますが、どんなに低く見積もってもドラム缶（二〇〇リットル）何十本というレベルでしょうね」

U-4を防衛省に納入している丸紅エアロスペース社にも尋ねた。

――U-4はどのくらい燃料を使うのですか？

女性社員が親切に教えてくれる。

「ビジネスジェット機の燃料消費は一時間あたり五〇〇ガロン（約一九〇〇リットル）と言われています。もちろん風向きや搭載量で変わります」

一時間で一九〇〇リットルだとすれば、U-4で三時間あまりを飛んだ田母神氏の出張の場合、一九〇〇×三＝五八〇〇リットルとなる。二〇〇リットル入りのドラム缶にして三〇本弱だ。

CH-47Jヘリはどうか。ライセンス生産している川崎重工に問い合わせたが、こちらは「防衛省に関することなので……」とガードが固い。防衛省に聞いてくれと言う。忠告に従って同省に問い合わせる。

――CH-47Jの燃費を教えてほしい。

「お答えできるかわかりません」

電話に出た防衛省職員は質問を引き取ったが、結局回答はなかった。仕方がないので市販されている専門書のデータを頼りに推計を試みる。

『自衛隊装備年鑑』（朝雲新聞社）によれば、CH-47Jは、約二〇〇〇ガロン（約七八〇〇リットル）の大型燃料タンクを使って約七五〇キロメートルの距離を飛べるという。平均速度を時速二五〇キロとした場合、満タンで航続可能な時間は約三時間だ。そこから一時間あたりの消費燃料を割り出すと約二六〇〇リットルである。くだんの出張では計四時間飛んでいるから、単純計算して二六〇〇×四＝一万四〇〇リットル、ドラム缶にして五二本分――という結果が出た。

U-4がドラム缶約三〇本、CH-47Jが約五〇本。合計でおよそ八〇本、約一万六〇〇〇リットルである。比重を〇・八として重量は約一三トン。トレーラー型の大型タンクローリー車一台分だ。

かなり大ざっぱな概算だが、一万～二万リットルというケタの量であることは間違いない。

航空燃料一万六〇〇〇リットルの値段はいくらか。航空自衛隊が使用している燃料はJP-4と呼ばれる軍用だ。基本成分は灯油に近い。装備施設本部によれば、二〇〇八年四月の契約で一リットルあたりの単価は約一〇〇円。七月には約一三〇円に値上がりした。一万六〇〇〇リットルのJP-4は四月時点で約一六〇万円、七月だと約二〇八万円になる。

民間機の場合は、これに加えて一リットルあたり二六円の航空燃料税が課せられる。一万六〇

○○リットルなら、給油した時点で四一万六〇〇〇円の納税義務が生じる。防衛省は役所だから、公務に使うという前提で課税されることはない。

※「時間的制約」「警備上の理由」というが……

「国家公務員等の旅費に関する法律」第七条は次のように定めている。

〈旅費は、最も経済的な通常の経路及び方法により旅行した場合の旅費により計算する。但し、公務上の必要又は天災その他やむを得ない事情に因り最も経済的な通常の経路又は方法によって旅行し難い場合には、その現によった経路及び方法によって計算する〉

自衛隊の大型ヘリとジェット機を最大限に使った出張が、はたして「最も経済的な」方法だったのか。航空幕僚監部に聞く。

――なぜ自衛隊機だけを使って出張したのですか?

回答は一週間後に電話であった。

「理由はふたつあります。まず一泊二日という日程で時間的制約があったということ。それから警備上の理由です」

①時間的制約と、②警備上の理由――。もっともらしいが釈然としない。民間機の定期便を利用する余地が本当になかったのだろうか。

まず①について検証する。羽田空港の国内便スケジュールを見たところ、新千歳空港行きは一日四〇便以上もある。始発は午前六時三五分発。これに乗ると午前八時過ぎには新千歳に到着する。田母神氏の視察の日程では午前一一時三〇分の千歳到着となっているから、羽田を九時台に離陸する便で間に合う。羽田空港までは電車やモノレールで行けるし、車で走ってもよい。

結論として、すくなくとも羽田—新千歳間の移動は民間機で十分に可能だ。航空運賃は、正規料金で片道三万～四万円。割引制度を使えばもっと安く購入できる。ドラム缶何十本分の燃料を燃やすよりはるかに経済的だ。

民間機が発着する新千歳空港と空自千歳基地は隣接しているから、自衛隊のヘリに乗り継ぐのに支障はない。

②の「警備上の理由」は、田母神氏の宿泊方法を調べるなかで矛盾を発見した。航空幕僚監部によれば、出張初日の四月一五日、空幕長は根室市内の「Eホテル」に泊まったという。写真の印象は庶民的なビジネスホテルである。防衛省庁舎の屋上から専用機で出張するほどの要警護人物がビジネスホテルに泊まっていたとは意外だった。司令官の身の安全を考えれば、根室分屯基地に泊まるのが合理的だろう。基地にいれば不測の事態が発生してもすぐに対応できる。

航空幕僚監部の説明はいささか滑稽だ。

「根室分屯基地には一般隊員用の宿泊設備はありますが、長官用の宿泊施設がありません。だからホテルに泊まりました」

一般隊員用の宿泊施設は寝心地が悪いからホテルに泊まったとでもいうのだろうか。「警備上の理由」も、結局その程度のことらしい。

問題はコストだけではない。大量の燃料を使えば、相当量の排ガスとともに地球温暖化の原因となるCO_2を出す。騒音を出して防衛省近郊や基地周辺で生活する市民の迷惑にもなる。たとえば入間基地と隣接する住宅街の学生が話す。

「CH-47Jは低音がすごい。ガラスが震えて停車している自動車の盗難防止ブザーが勝手に鳴り出したりするんですよ」

防衛省のヘリポートも、離発着時には近隣の人口密集地に同様の爆音がとどろく。騒音被害を減らすため、同省運用企画局事態対処課は使用基準を定めているという。

①災害派遣のための輸送や国賓等の送迎など、必要最小限の使用にとどめて運用する。

②あらかじめ予定がわかっている部隊視察などでは、スケジュール上時間がなく、やむを得ない場合に限って使用を認める。

田母神空幕長の場合、本当に「やむを得ない」事情があったのかはきわめて疑わしい。航空幕僚監部によれば、初日四月一五日朝の田母神氏のスケジュールは、出勤してからヘリで出発するまでの間、会議などの予定は特になかったという。

空の安全面も心配だ。新千歳空港は一日平均約二七〇便、年間九万五〇〇〇便以上が離発着する国内屈指の過密空港だ。空港の管制を担うのは航空自衛隊の千歳管制隊で、隣りにある千歳基地の管制と同時並行で行っている。防衛省によれば千歳基地の管制回数（筆者注＝管制空域を離発着、または通過する航空機に、管制官が指示を出した回数。複数機が編隊で離発着した場合は「管制回数一回」と数えているという）は年間約一三万回。管制官やパイロット、運航スタッフは常に高い緊張にさらされている。特に気象条件の悪い冬場は過酷だ。実際過去には、滑走路上に飛行機が残っているにもかかわらず別の飛行機が離陸滑走を開始し、途中で緊急停止するという重大ミスがおきている。

この過密空域に自衛隊の特別便を飛ばせばそれだけ余分に混雑する。運航関係者のストレスが増し事故の危険が大きくなる。

空自ＯＢは言う。

「空幕長の乗った航空機であれば当然管制にも神経をつかう。ほかの飛行機より優先させているかもしれませんね」

管制の現場で空幕長機がどう扱われているのかは定かでないが、むやみな自衛隊機の使用が民間機の危険につながっていることは確かだ。

※ホテルの領収書は「捨てた」

ところで、一泊二日で根室・襟裳に出張した田母神空幕長には一万三三〇〇円の宿泊手当が支給されている。有料の宿泊施設を使用した場合に払われる手当だが、この手当をめぐっても不可解な事実が発覚した。手当てをもらっておきながら、宿泊費をいくら支払ったのかわからないというのだ。

航空幕僚監部は次のように説明する。

「空幕長にたずねたところ、『領収書は捨てた』とのことです。値段がいくらの部屋に泊まったかも分かりません。国家公務員の宿泊手当ては実費精算ではなく定額支給ですから、領収書を保管する必要はないんです」

根室のEホテルはシングル部屋が税込みで五二五〇円、ツイン七三五〇円。宿泊手当てが定額支給で一万三三〇〇円も出るのならおつりがくる。シングルの場合で八〇五〇円、ツインに泊まっても五九五〇円もあまってしまう。オイシイ話である。

空幕長の泊まった部屋はシングルなのかツインなのか、それくらいはわかるでしょう、と再び航空幕僚監部に問い合わせた。

数日後の返事が、また謎めいている。

「泊まった部屋の種類はわかりません。覚えていないとのことです」

自分の泊まった部屋を空幕長は忘れてしまったという。空幕長というのはそんなに多忙なのか。だが本人が忘れても周囲の隊員が知っていそうなものだ。まさか空幕長が自らホテルを予約したわけでもあるまい。いぶかしく思いながらEホテルに尋ねることにした。

——四月一五日に泊まった田母神俊雄さんの、部屋の種類を教えてください。

防衛省の了解を得たうえでの質問だったが、ホテルの答えは意外だった。

「四月一五日の宿泊者名簿に『タモガミトシオ様』はございません」

謎は深まるばかりだ。別名でチェックインしたのか、あるいは宿泊の事実自体が存在しないのか。泊まっていないとすればカラ宿泊である。航空幕僚監部に説明してもらうしかない。

——本当にホテルに泊まったのですか。支払いは誰がしたのですか。

「宿泊したことは事実らしいです。ホテルの代金は同行の副官の手で支払ったとのことです」

空幕の広報担当職員は困惑気味に繰り返した。しかし料金を払った「証拠」はついに出てこない。部屋の種類も値段もわからない。「Eホテル」問題をうやむやにしたまま、田母神空幕長は「論文」問題（注）で自衛隊を退職、それ以上の調査をすることが難しくなってしまった。

疑問の多い田母神空幕長の視察旅行だが、むろん肝心なのは仕事の中身である。空幕長の働きぶりをみてみよう。

開示された文書のなかに計画表がある。それによると、出張一日目、田母神氏の根室分屯基地滞在時間は約二時間五〇分だ。このうち、能動的な職務と思われるものは、基地幹部による状況報告二〇分、基地内巡視一五分、訓示二〇分で、計五五分。あとは、出迎えの儀じょう礼や栄誉礼、休憩、記念撮影といった受身の行事で埋まっている。二日目は、午前八時にホテルまで自衛隊車両で迎えにきてもらい、根室分屯基地へ。見送りの儀じょう礼を受けてからCH-47Jヘリに搭乗、襟裳分屯基地へ空路で移動する。襟裳基地での仕事らしい仕事は、基地側の状況報告二〇分、巡視一時間、訓示二〇分、えりも町長の表敬訪問一五分。合計で約二時間——。

二日間で計約三時間。空幕長のこれだけの仕事のために、視察を受ける基地は実に大変そうである。ヘリポートでの出迎えや見送りの要領を図解した文書だけでも一〇枚はある。何台もある幹部車両の停車場所や栄誉礼を行う隊員の整列方法、幹部や一般隊員の並ぶ位置を細かく示している。航空機の欠航や雨天に備えた代替案もある。この複雑な内容を隊員たちは頭に入れ、実行したのだろう。気の毒になってくる。

もちろん仕事は時間の長さだけではかれない。視察には「士気高揚」といった狙いもあるのだろう。しかし隊員の受けは必ずしも良くない。別の基地で田母神氏の視察を経験した隊員がこぼす。

「隊員総出で接待やら儀じょう礼やらで大変でした。簡単に視察して訓示を終えると、あとは宴

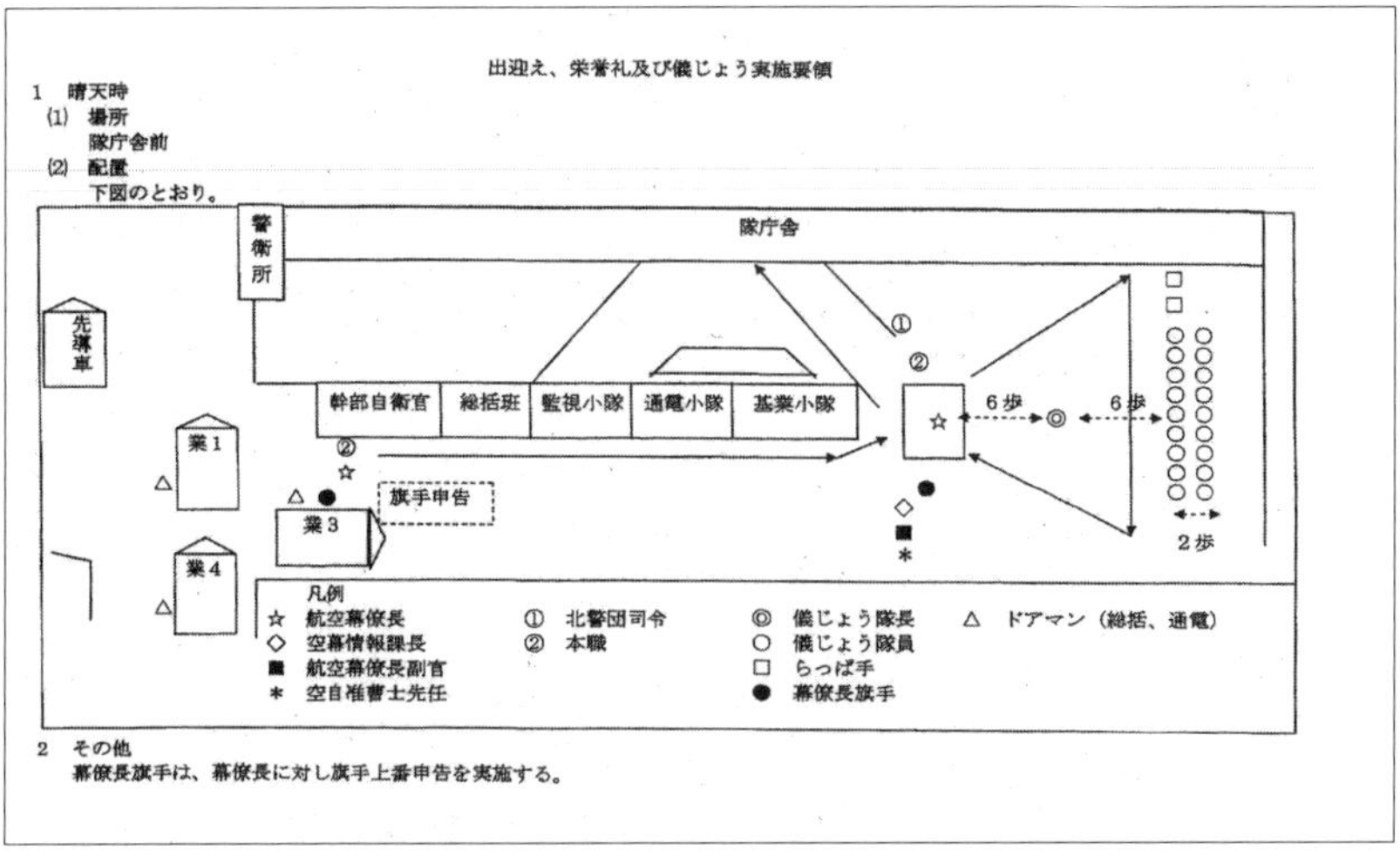

田母神空幕長の視察のために準備された「出迎え、栄誉礼及び儀じょう実施要領」

会です。地元の有力者たちもくる。女性隊員が狩り出されてホステスのようにお酌をする。地元の高校生を呼んで出し物をやらせたり。宴会のために来ているとしか思えない。こんなことのために自衛隊の飛行機を使って来るなんて、税金の無駄遣い以外の何ものでもありませんよ」

「宴会」は根室でも行われた。四月一五日の夜、地元の商工会議所で「会費制」の懇親会が催されたという。田母神空幕長も出席した。「有志による懇親会」だと防衛省は説明する。ほかにどんな〝有志〟が来ていたのか、料理や飲み物の内容は、何が話されたのか、詳細はわからない。

宴がはじまる数時間前、田母神空幕長は根室分屯基地の体育館に全隊員を集めてこう訓辞をしている。

「……戦後教育の中で個人の権利ばかりが過度に強調され、公のためにとか、誰かのために頑張るとか、所《いわ》謂《ゆる》、他を愛するとか、公に奉ずるという、昔から日本人が持っていた気持ちが蔑《ないがし》ろにされてきたきらいがあるのではないかと思います。（中略）これは自分のためではなく、誰かのために頑張るというのは極めてすばらしいことだと私は思っています」

陸将、海将、空将――制服組でもっとも高い階級は「将」である。階級章の星は三つ。陸海空の各幕僚長になるともうひとつ増えて四つ星となる。一般隊員にとって将官は雲上人。「将軍様」とささやかれるほどだという。

「誰かのために、つまり私のような偉い将軍サマのために皆さんはがんばりなさい」

視察を通じて、田母神氏は部下にそう教えたかったのかもしれない。

（注）「我が国が侵略国家だったなどというのは正に濡れ衣である」などと政府見解と異なる文章を、現職航空幕僚長の立場にあった田母神俊雄氏がアパグループホテル主宰の懸賞論文に発表、最優秀賞を受賞したことが問題となり、浜田防衛大臣は二〇〇八年一〇月三一日付で空幕長職を解いた。それに伴って定年が六二歳から六〇歳に切り替わり、定年退職扱いで田母神氏は自衛隊を退職した。懲戒処分を求める意見もあったが田母神氏が抗弁する姿勢を見せていたため、定年退職までに結論を出すことができない、として見送られた。

5　田母神空幕長のトンデモ講話事件

※A4版12枚の「講話」記録

「我が国が侵略国家だったというのはまさに濡れ衣だ」などと主張した〝論文〟をアパホテルグループが主宰する懸賞論文に発表したことが問題視され、田母神俊雄・航空幕僚長が更迭されたのは二〇〇八年秋のことである。

これより三カ月ほど前の同年八月某日、自衛隊関係者から一通の資料が私のもとに届いた。A4版でワープロ書きの一二枚からなる文書はこう題されていた。

〈航空幕僚長田母神空将熊谷基地初度視察／講話『我が愛すべき祖国日本』――〉

日付は二〇〇八年一月三〇日。空自熊谷基地（埼玉県熊谷市）でおこなわれた田母神空幕長の「講話」、すなわち演説の記録だと関係者は語った。

文書によれば、田母神氏の演説は自己紹介からはじまっている。

〈私は福島県郡山市出身です。防大を卒業して戦闘機のパイロットになりたかったのですが、航空適性検査を受けたけれども当時適性がなかった。当時アメリカに行けるという崇高な理由で高射幹部を希望したということであります……〉（筆者注＝講話文書の引用は、読みやすくするため句読点など一部表記に手をいれた）

冗談めいた話を交えて自己紹介は続く。

――スキーが滑れないので北海道を希望したが九州に六年半いることになった。再び北海道を希望したが今度は沖縄に行かされた。昔はほんとうに意地悪だった。高射部隊や幹部学校の指揮幕僚課程に行くなりしたあと、三沢の第3航空団基地業務群司令になってようやくスキーをやった。二年間で六二日もスキーをやって滑れるようになった。その後、空幕厚生課長、沖縄南混団司令部幕僚長、小松基地にある第6航空団司令、空幕装備部長、統幕学校長、航空総隊司令官、そして航空幕僚長になった――。

「これは国家機密です」といいながら、脳腫瘍の手術を受けたという個人的な話も開陳する。

〈……ちょうど頭の右の後ろに腫瘍があるといわれた。良性なのか悪性なのかわからない。聞いてみたら、開けてみないとわからない、といわれたので開けた。（中略）……大変勇気のある決断だと皆にいわれた。頭を開けて、脂肪の塊が幸い悪性ではなく良性だった。手術で顔がゆがんでしまった。三年半たってほとんどなくなり、いまはトム・クルーズを超えたというところです。

（中略）顔なんて曲がっていてもいい。顔だけでなく、どうせあなたは心も曲がっています、と（妻に）いわれたりしながら皆に励まされた……〉（カッコ内は筆者注、以下同）

ひとしきりしてから、空幕長は「今日は、いまから私が常日ごろ感じていることを皆さんにお話をしたいと思います」と述べて本論に入った。最初のテーマは中国の海洋調査だ。

〈中国は事前に通知をして日本側の海域でどんどん海洋調査をやります。そしてどんどん沖縄本島に寄ってきます。（中略）本当は中国がこっちでやるときは、同じくらい日本がやり返さないと、実績として中間線を維持するのがどんどん難しくなる〉

続いて情報公開法についての苦言だ。

前航空幕僚長・田母神俊雄氏

〈官公庁は情報公開をしなければならない。でも、普通の国にある機密保護法というのが日本にはないのです。ところが情報公開法と機密保護法というのは、先進国ではペアになっている。この状態は日本の安全保障上こまるのではないか〉

情報公開法を使って自衛官の不祥事や疑惑、田母神氏の出張のあり方を調べている身とし

田母神空幕長が問題の「講話」を行った航空自衛隊熊谷基地

ては、いささか気になる発言である。

テーマが変わって、専守防衛を見直せともいう。

〈もっぱら守るだけ、と。これは日本の国策ですから、そういうことになっていますけれども、本当にその国策が今もこれからもずっと正しいのかということが、検討されることがなければいけない。常時見直しがなされないと。そういうのを誰が一体これを担当して、誰が問題を提起してやるのかというのがあまり明らかになっていない。そうすると国を守るといったときに、やはり防衛庁が防衛省になって、これから日本の安全保障にかかわることはぜんぶ防衛省が考えてくれるのではないか、と思うのです〉

※アメリカ批判

政策批判の次はアメリカをやり玉に挙げる。

〈イラク人がイラク人を裁くのは解るけれども、勝ったほうが負けたほうを裁くというのは国際法上ないわけです。この東京裁判でアメリカが狙ったのは、日本が二度と再び強大な国となってアメリカに立ち向かってくることがないように、ということを徹底的に狙ったわけです〉

「イラク人がイラク人を裁くのは解る……」のくだりは「日本人の手で日本人の戦争犯罪者を裁くのは理解できる」というふうにも聞こえて興味深い。

続く東京大空襲の話も示唆に富む。

〈昭和二〇（一九四五）年の三月一〇日、東京大空襲。ひと晩で一〇万人以上の人が焼夷弾で焼け死んだのです。この攻撃は明らかに国際法違反なのです。これを指揮したのはカーチス・E・ルメイという当時少将です。この人は戦後アメリカの空軍参謀長になった人です。日本は航空自衛隊の創設に貢献した功績ということで、この人に勲一等旭日大綬章を与えています。そういったことを知るとなかなか割り切れない思いになります〉

割り切れないのももっともだろう。ルメイ氏に勲章を与えるよう働きかけたのは、当時の小泉純也・防衛庁長官（小泉純一郎元首相の父）と元空幕長の源田実・参議院議員だった。つまり田母神氏が身を置く自衛隊の大先輩たちなのだ。

アメリカの無差別爆撃が国際法違反だと訴える田母神空幕長は、戦後、占領軍が日本軍部に近い人物を公職から追放したことを強く批判する。

〈いわゆる日本は悪くなかった、と。正しい国だった、と対等にアメリカと議論するような人たちはみな公職から追放された。これが二〇万人以上も追放されたのです。軍人だったり、国の役人、政治家、大学の先生とかが二〇万人以上も追放されたのです〉

熱が入ってきたのか、「左翼」を罵倒するくだりでは乱暴な言葉もでてくる。

〈……二〇万人も追放されるから穴埋めが必要になります。そうすると穴埋めのために戻ってきたのは、戦前追放されている人たちが多かったわけです。いわゆる左翼と呼ばれる人たちです。脳みそが頭の左半分にしかないような人たちが皆それぞれ公職に戻ったわけです。大学の先生に左翼がいっぱい増えたのです〉

〝脳みそ左半分〟人間として名指しするのは矢内原忠雄《やないはらただお》・元東京大学総長だ。

〈この人は戦前天皇家をつぶすべきだと言って追放されていたいわゆる左翼です。これが東大総長に戻りました。左翼の弟子をいっぱい連れて〉

滝川幸辰《ゆきとき》・元京都大学総長のことも同じ調子で批判する。

〈この人も天皇制廃止論者で戦前追放されていた人です。それでやはり左翼の弟子をいっぱい連れて京都大学へ戻った〉

一橋大学元学長の都留重人《つるしげと》氏もめった切りだ。

〈彼はハーバード大学に留学していましたけれども、ハーバード・ノーマンというアメリカの外

交官がいた。これは実はコミンテルンのスパイだったことがわかって自殺をした人ですが、これとグルだった人です〉

正確にいうと、エドガートン・ハーバート・ノーマンは日本生まれのカナダ人外交官・歴史家で、ＧＨＱに出向して日本の民主化にかかわった人物である。

毒舌調の「左翼」批判はなおも続く。

〈私はいま、東大教養学部のすぐそばに住んでいるのですけれども、毎朝東大教養学部のなかを駆け足するのです。私今年六〇歳になるのですけれど毎朝六キロくらい走るのです。そうするとどこの国の看板か、頭が狂っているんじゃないかというような看板がいっぱい立っている。それは日本の一番金をかけている大学です。国家のリーダーを育てるということでつくられた大学が、何か左翼に乗っ取られたような状況になっている。学校に行くほど今は悪い子になっている〉

「左翼に乗っ取られたような状況」から抜け出そうと頑張った「国家のリーダー」のひとりが安倍晋三・元首相だったと空幕長はいう。

〈……途中でやめられちゃいましたけれども、教育基本法を変えたり、教育関連三法を変えたりして、なんとか直そうと思って頑張っていたところなんです。今後少しずつ改善される方向には行くと思います〉

※南京大虐殺というのは……

中盤にさしかかり「南京大虐殺」に関する話題が登場する。

〈南京大虐殺というのは、見た人がひとりもいないのです。そういう話を聞いたことがあるという伝聞の証言だけです。普通の裁判では、伝聞の証言だけで人を裁くことはできないのです。これは東京裁判でも証明することができなかったのです〉

「見た人がひとりもいない」と断言する、その根拠を田母神氏は次のように述べている。

〈松井（石根《いわね》）大将は隷下にちゃんと通達を出してから（南京城内に）入っている。悪さをする兵隊がいたら厳重に取り締まれ、と。そこに孫文の墓があったのですけれども、孫文の墓は中山陵といったらしいのですが、この孫文の墓というのは高台にあって要衝らしいのです。戦略の要衝だけれども、そこに立ち入ってはいけない、というような通達を出して入っていった。そういう人が虐殺の命令を命じるわけがないのです〉

さらにこう説く。

〈……一九三八年の二月の二日に国際連盟で顧維鈞という中国の代表が、日本は南京で二万人の民間人の大虐殺をした、そして婦女暴行をやったと。これに対して国際連盟は批難声明を出すべきだと。一二月に入って二月の二日にです。一カ月半も。でもこれを国際連盟は受け入れなかった。当時二万人といったのが受け入れられなかった。当時日本は、国際連盟から脱退（一九三三年）していますから、もう四年以上たっているわけです。だから国際連盟は反日の気運でいっぱいなわけです。そこでも認められなかった。それは嘘っぱちなのです〉

日本政府の「南京大虐殺」に関する公式見解はこうだ。

〈日本政府としては、日本軍の南京入城（一九三七年）後、多くの非戦闘員の殺害や略奪行為等があったことは否定できないと考えています。／しかしながら、被害者の具体的な人数については諸説あり、政府としてどれが正しい数かを認定することは困難であると考えています。／日本は、過去の一時期、植民地支配と侵略により、多くの国々、とりわけアジア諸国の人々に対して多大の損害と苦痛を与えたことを率直に認識し、痛切な反省と心からのお詫びの気持ちを常に心に刻みつつ、戦争を二度と繰り返さず、平和国家としての道を歩んでいく決意です〉（外務省ホームページより）

田母神空幕長は、この政府見解をまっこうから否定する。南京大虐殺については、じつは筆者自身、二〇〇九年三月に南京を訪れた際、日本兵に家族を皆殺しにされた男性から直接当時の体験を聞いたことがあるが、田母神氏によれば彼の証言も「嘘っぱち」ということになってしまう。よほどの〝勇気〟がないとできない発言だ。

「嘘っぱち」と言いながら、田母神氏は「日本は言論の自由がない」と嘆く。

〈（南京大虐殺は）嘘だと言って戦後は大臣がいっぱいやめたので、政治家とか大臣はやめたので、なかなか日本は言論の自由がなかった。親日的な言論の自由がないのです。反日的な言論の自由はあるけど〉

話題は核兵器へと飛ぶ。

〈核兵器を私が持てと言ったとか、言うと問題になるから、そのようなことは言いませんが、そのようなことを言っている人の意見を言います〉

他人の言葉を借りてはいるが、言いたいのは自身の意見のようだ。引き合いに出すのは『中国の「核」が世界を制す』（ＰＨＰ研究所）の著者・伊藤貫氏である。

〈彼が言っているには「核兵器を持たない方がより平和が維持出来ると考えている政治家あるいはそう言っている国は、先進国の中では日本だけです。持った方がより安全なことは絶対に間違いないんです」と伊藤先生は言っています〉（引用は文書にしたがった＝筆者）

「私が言っているわけではありません」と断ったうえで、こう続ける。

〈……日本も例えばアメリカの潜水艦の核兵器を海上自衛隊が日常的に操作をして、いざとなったらそれを渡せと言っておけば、日本が核兵器を持たなくても核抑止力がより強化される。非核三原則を守ったままで大丈夫なのではないかと、伊藤先生は言っています〉

アメリカの核兵器を自衛隊にも使わせろ、ということらしい。航空自衛隊最高司令官が大勢の部下を前に発言する内容としては過激かつ重みに乏しい感がある。

最後はマスコミ批判だ。

〈マスコミも、反日の意見はどんどん取り上げますが、親日的な意見はなかなか取り上げてくれない。我々自衛隊は親日の代表みたいなものだ。保守派の代表みたいなものだ。だから我々が外に向かって意見を言っていかなければならない。しかし意見を言うと必ず問題がおこります。問題が起きたときには航空幕僚長を筆頭に航空自衛隊が頑張るしかない。問題を起こしてはいけないと私が言うと、なかなか戦えない。皆さんが外に出ていけない。問題はなんぼ起こしてもいいから頑張ってください〉

「なかなか戦えない」とは意味深げである。マスコミ嫌いのようにみえるが、なかには好きなメディアもあるようだ。

〈若いみなさんはどうしたらよいかというと、新聞は産経新聞を読まれたら良いのではないかと思います。いっときますが私は産経新聞から一銭ももらっていませんよ〉

産経新聞のほかにも、『正論』（産経新聞社）『諸君』（文芸春秋社、休刊）『ＶＯＩＣＥ』（ＰＨＰ研究所）を読めという。

※組織的に記録を指示した事実はない

以上の「文書」に記された内容は、本当に田母神空幕長本人の演説なのか。記録の真贋について防衛省に確認を求めたところ、次の事実が判明した。

①二〇〇八年一月三〇日、航空自衛隊熊谷基地で田母神空幕長の「講話」が行われた。

②「講話」の題は、記録文書にあるとおり『我が愛すべき祖国日本』だった。

③講話会場は熊谷基地体育館で、全隊員にあたる約一二〇〇人が聴講した。

④「講話」の目的は「教育訓練」だった。

これだけみても文書の信頼性は高いと思うのだが、防衛省は歯切れが悪い。

「部隊として組織的に記録を指示した事実はない」

ホンモノだともニセモノだとも言わない。

——組織的にないということは、隊員が個人的に記録したものは存在するかもしれないということでしょうか。

「わかりません」

——わたしの持っているこの記録文書はニセモノですか。

「わかりません」

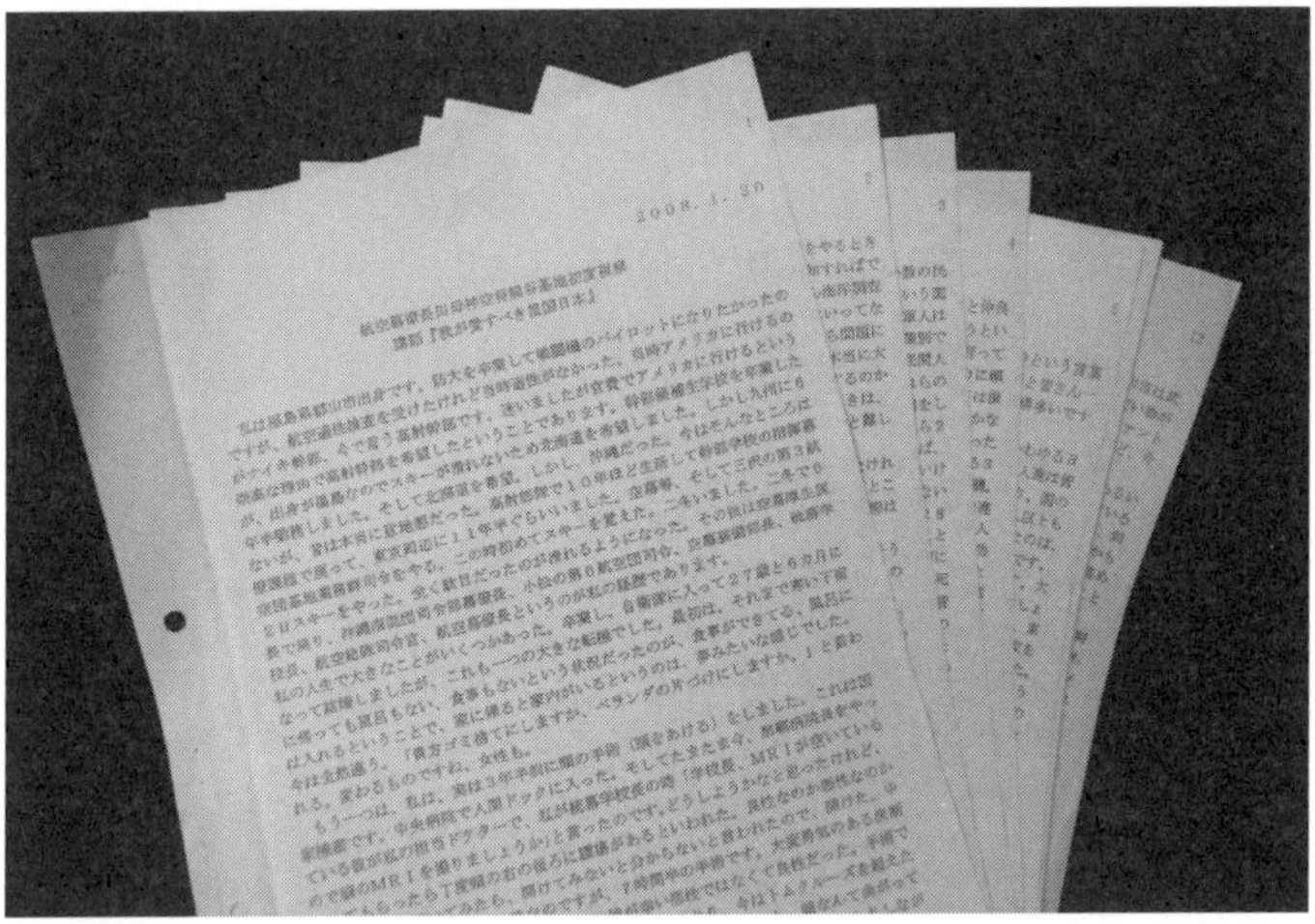
田母神空幕長の講話「我が愛すべき祖国日本」の記録とみられる文書。防衛省は「部隊として組織的に記録を指示した事実はない」という。

何を聞いても「わかりません」ばかりだ。

隠すつもりではないか——。

わたしは疑った。というのは、取材を始めた直後、現役の空自隊員からこんな電話をもらっていたからだ。

「先日のことですが、熊谷の講話を記録した文書をすみやかに廃棄するよう、メールと電話で上級部隊から指示がありました。上官が指示を受け、各部署に連絡していましたね。すぐにシュレッダーにかけたようです」

シュレッダー疑惑について防衛省に聞く。

——隠蔽工作のようなことをした事実はありますか。

「そのような事実はありません」

念のため、情報公開請求をして熊谷の講話内容を記録した文書の開示を求めることにした。公文書として文書があれば、仮に不開示となっても文書が存在しているかどうかは確認できる。

はたして、一カ月後に出てきた結果は「不存在」だった。講話を記録した公文書は存在しないという。

存在しないはずの田母神演説の記録がここにある。公式見解で「存在しない」ものがなぜか存在している。疑惑はより深まった。

演説記録が紛れもなくホンモノであると裏づけられたのは、田母神氏が空幕長を更迭された直後、二〇〇八年一一月一一日の参議院外交防衛委員会の場でだった。参考人として出頭した田母神氏に井上哲士・参議院議員（共産）が尋ねる。

井上　この一月三〇日にあなたが「我が愛すべき祖国日本」と題して行ったとされる講話の記録文書を私持っておりますが、この中で、専守防衛は国策だがこれがずっと続くかは検討されなくてはならないとか、南京大虐殺はだれも見ていないとか、決して日本が侵略のために中国へ出ていったのではないのですなどなど、今回の論文とほぼ同趣旨のことを述べておられますけれども、ご記憶にあるでしょうか。

田母神　私はいつも前置きをしてしゃべるんですが、これは私の私見であると、だから正しいかどうかは皆さんが判断をしてくださいと。でも、これは私の考えですということでしゃべっていますが、しゃべっている内容はたぶん論文に書いたのと私は一緒だと思います。

防衛省があいまいにしていた演説記録について、田母神氏は自身の発言であると認めた。制服組の最高司令官が、「教育訓練」として政府見解に反する演説を隊員に聞かせていたことがはっきりしたわけだ。

井上委員が浜田大臣を追及する。

井上　……（略）つまり、任務として幹部自衛官を集めて、その場で職務権限として教え諭す、つまり教育をしているわけですね、航空幕僚長として。その内容がまさに憲法にも政府見解にも真っ向から反する、こういうものだということなんですよ。先ほどから議論になっているような一自衛官の言論の自由という問題ではないんですね。強力な権限を持つ人が、その権限としてこういう講話をしている。自衛隊の外で公にしたら更迭されるような内容を、職務権限として自衛官に教え込んでいるということなんですね。防衛大臣、重大だと思われませんか。

浜田　大変重大なことだという認識の下に、今回お辞めをいただいたということだと思っております。

「大変重大」だと浜田大臣はいう。しかし、一方で、懲戒処分をすることはなかった。田母神氏が抗弁する意向を表明しており結論が出るまでに時間がかかる、というのが表向きの理由だった。

※田母神氏の退職金を守った佐藤議員

空幕長を更迭された田母神氏は、定年退職という扱いで自衛隊を去る。七〇〇〇万円ともいわれる退職金の自主返納を求める声が与党内からも出た。しかし氏は拒否した。

この退職金問題をめぐっては、空幕長から一〇万円の献金を受け取った佐藤正久・参議院議員の動きが興味深い。自身のブログによれば、佐藤氏は自民党の国防関連部会でこう発言したという。

〈田母神さんは、自衛隊法上の「懲戒」ではないが、空幕長（大将★★★★〈四ツ星＝筆者注〉）から空将（中将★★★〈三ツ星＝筆者注〉）に実質降格されている。これは「軍人」にとっては、恥辱であり、これ以上の処分が必要か否か、冷静に判断すべきであり、「法治国家」であるわが国において、一部の「政治的思惑」により、法制度上、懲戒を受けていない者に対し、自主返納を要求することは、如何なものか〉（二〇〇八年一一月一一日付　佐藤正久氏のブログより）

献金の効果かどうか、佐藤議員の意向どおり退職金は〝無事〟支払われた。

防衛省を辞めた田母神氏に聞きたいことがあった。「日本はいい国だった」という発言の真意である。一一月一一日の参院外交防衛委員会の参考人質疑で田母神氏は言っている。

〈私も今回びっくりしていますのは、日本の国はいい国だったと言ったら解任をされたと……〉

「日本の国はいい国だった」――この意味を考えているうちに、ひとつの推論に達した。

「旧日本軍はいい軍隊だった」

ほんとうは、田母神氏はそう言いたかったのではないか。あるいは、軍国主義の日本はいい国だった、と。

直接確認すべくマネージャーを通じてファクスで取材を申し入れた。しかし、多忙なのか返事はなかった。無理もない。何冊もの著書を立て続けに出版し、テレビ出演や講演活動も頻繁に行っていた。文字通りの売れっ子である。

真意が聞けないのを残念に思っていたところ、田母神氏の近著『田母神塾』（双葉社）に参考になる記述を見つけた。

「自衛隊は栄光ある日本軍の末裔である」と題する項で田母神氏は述べている。

〈旧日本軍は悪いことなどしてはおらず、世界的に見ても優秀な軍隊だった。その旧日本軍の伝統を、陸海空自衛隊はそのまま引き継いでいます。「日本は悪かった」という前提に立ってモノを言っているから、「旧軍と自衛隊は別物だ」という苦しい言い訳をしなければならなくなってしまう。自衛隊を批判する人たちは、大前提からして議論がまったく喰い違っています〉

旧日本軍は悪いことなどしていない、優秀だったと田母神氏は明言している。つまり旧日本軍はいい軍隊だったというのだ。推論どおりだ、と私は思った。

空自イラク派遣をめぐる名古屋高裁の違憲判決（注）についても田母神氏は前掲書で触れている。当時、田母神氏は記者会見で「純真な隊員には心を傷つけられた人もいるかもしれないが、私が心境を代弁するとすれば大多数はそんなの関係ねえという状況だ」などと話して批判を浴びた、その件に関してである。

〈危険なイラクで命懸けで汗を流す隊員を、一裁判官が侮辱した。それに対して、「粛々と受け止めます」などと最高司令官がヘコヘコしていては、隊員は危険な任務に当たるのがバカバカしくなってしまうでしょう〉

「関係ねえ」発言についてはこうも書いている。

〈私にただ一つ反省すべき点があるとすれば、あの発言に「そんなの関係ねぇ、オッパッピーという状況だ」ともうひとこと付け加えるのを忘れてしまったことです〉

読者を笑わせようと努力する、そのサービス精神は評価する。だがセンスにカビ臭さを感じるのは筆者だけだろうか。旧日本軍を手放しで賞賛し、三権の長である司法をバカにする。民主主義の仕組みを軽んじてはばからない。戦前の軍国主義の時代感覚。税金で養われていることを忘れ、軍人が一番エライのだ、と言わんばかりの思いあがりを覚える。

田母神氏はきっといい人なのだろう。東北なまりで、ユーモアがあって、物腰もやわらかい。宴会やゴルフ、スキーといったレクリエーションも好きなようだ。だが、特別国家公務員指定職としての職責や立場を理解した人物ではなかった。

問題があるとすれば、自分の仕事や立場を勘違いした「いい人」を航空幕僚長という要職に据え、「私見」による隊員教育を許してきた側にある。責任を問われるべきは時の政権であり、それを支えた者たちだろう。

田母神空幕長更迭騒動の引き合いにしばしば出されるのが、「超法規発言」で一九七八年に更迭された栗栖弘臣・統幕議長である。しかし、旧軍出身の彼でさえ現職中には大日本帝国憲法時代の日本軍を肯定する発言はしていない。

「旧軍や関東軍のような考え方は私以下、自衛隊は一人も持っていない」

退職前の定例記者会見でそう語ったと当時の新聞に紹介されている。

三〇年を経て、制服組トップが公然と旧軍を讃えるまでに時代は変わった。この変化を世に知らしめてくれたという意味において、田母神俊雄・前空幕長の〝功績〟は大きいと、本当に思う。

（注）自衛隊のイラク派遣は憲法違反だとして愛知県などの住民ら千人以上が差し止めを求めた訴訟で、名古屋高裁（青山邦夫裁判長）は二〇〇八年四月一七日、原告の訴えを棄却したうえで、航空自衛隊の空輸活動について「武力行使を禁止したイラク特措法二条二項、活動地域を非戦闘地域に限定した同条三項に違反し、かつ憲法九条一項に違反する活動を含んでいることが認められる」

として違憲判断を下し、判決は確定した。イラク派遣をめぐる違憲判決ははじめて。『「自衛隊のイラク派兵差止訴訟」判決文を読む』(川口創・大塚英志著、角川グループパブリッシング)に詳しい。

憲法九条一項は「日本国民は、正義と秩序を基調とする国際平和を誠実に希求し、国権の発動たる戦争と、武力による威嚇又は武力の行使は、国際紛争を解決する手段としては、永久にこれを放棄する」と定めた戦争放棄の条文。

6　元日本軍兵士が語る軍隊生活と戦場体験

旧日本軍は優秀な軍隊だったと田母神俊雄氏はいう。だが、社会や組織のひずみは、底辺にこそ顕著に現われる。もっとも立場の弱い一兵卒の目で見た旧日本軍とはどんな組織だったのか。

香川県在住の飯間《いいま》一雄さん（八四歳）は、一九四三（昭和一八）年、志願で海軍に入隊した。駆逐艦「白露《しらつゆ》」乗員の海軍二等兵としてフィリピン沖などで戦闘や船団護衛の任務につく。四四年六月一五日未明、船団を護衛中だった白露は、米軍潜水艦の攻撃を避けようと蛇行していた味方輸送艦と衝突して大破、さらに魚雷を受けて沈没した。飯間二等兵は負傷した体で漂流し、九死に一生を得た。

前香川県傷痍軍人会副会長でもある飯間さんに戦争体験を聞いた。

※志願兵として

――志願したのはいつですか

昭和一八（一九四三）年、一八歳のときです。将校が各学校を回ってきて志願の若者を講堂に集めて話をするわけです。わたしは農学校ですから。そこを出て一年して志願したんです。容姿端麗で体格がいいというので海軍に選ばれました。

——実家は何を？

家は田んぼしよったんです。長男で。

——田んぼをするということで農学校に？

そのつもりでおったけど、戦争が激しゅうなったでしょ。あと二年待ったら徴兵検査やけど、こんどの戦争がこう激しゅうなりよるから、と志願したんです。若いし純粋に教育うけている。戦争にいくのに、なんちゃ（全然）抵抗はありませんでした。はよう国のため、民族のために働こうと。そういう教育を受けとるから行ったんです。

——志願者はどうやって集めるんですか？

そりゃ、動員をかけるんです。よってこいと。校長先生、教頭先生の一声で配下は全員集まってくる。学生がしょっちゅう訓練したり、竹やりの訓練したり、いろんな訓練をしよったんです。で、動員がかかった。志願者が高松に寄って、そこで再審査、身体検査とかがある。そのあと、部落総出で壮行会開いて送ってくれたんです。

——日の丸振って？

そうです。みんな外に出てな。わたしは歩いて、みんな小旗持って「いってらっしゃい。万歳」と。

――戦争いったら死ぬかもわからない、というのはありましたか。

うーん、それがないんやな、あまり。死ぬやいうんやったら躊躇するでしょ。それが、ひとつも躊躇せんのやから。

――いまでいう高校野球にいくのと……。

あんまり変わらんのやな。はい。それだけ教育が徹底しとったということやろうな。まわりの人もそうです。泣いているような人はおらんよ。行って来いと。

――ニコニコしていた。

飯間一雄さん

もう、洗脳してしまうんやな。一億人を。怖い。いまは自由でしょ。「そんなんイカンよ」と言うたりできる。自衛隊のなかでもそういうふうに言えるようになっとるんだから。非常にいい傾向だと思う。批判できるとか、批判されるというのはね。戦争はおかしいぞ、と言えるんだから。前は言えなかった。すぐに憲兵に連れていかれる。

――モノが言えないのが苦痛だとは？

思わなかった。戦争が終わって今ごろになって、ああ、あのころは、一億人はみな、西向けいうたらみんな西を向いとったなと。だから戦争ができたんだなと。こんな小さな国がアメリカやイギリスやフランス、オランダを相手にしてようやったわと。結局みんなを洗脳して一億人ぜんぶを戦争に狩りだしとるからだなと。帰ってきてから思った。

その以前から、この小さな国が航空母艦つくったり、七万トン、八万トンの戦艦大和や武蔵をつくっていったというのは、やはり中枢はだいぶ前から戦争の準備をしよったということ。だから、教育は徹底的に、一億人戦闘にかかれよ、とやった。反対分子がいたら困るから。

――戦争したらだめだとは口が裂けても言えなかったんですね？

言えない。自由に言える今の時代というのはいいと思う。

――船に乗ったのは？

海兵団いって三カ月の新兵教育受けて、それから二カ月かけてラバウル（パプアニューギニア・ニューブリテン島）まで行って、そこで乗艦しました。駆逐艦白露。

――三カ月間は教育隊？

そうです。教育は佐世保でやりました。九州と四国は佐世保、中国と近畿が呉、関東から北は横須賀なんです。新兵教育ですからね、みるみるうちにやせてきた。生活が違うし訓練が激しい。

朝から時間割りで、体操はする、銃剣術はする、手旗信号……。

——体力的にはきつかった？

きつかった。それから泳げん人は海の中に放り込まれた。わたしは泳げるからどうでもないけど。それからカッター（短艇）。もういろんな海軍としての予備知識、基礎知識ですか、ぜんぶ叩き込まれる。泳げん人はヒモつけられてボンと放り込まれて。命がけやからすぐ覚える。海軍で泳げんやつは一人もおらん。

※「精神注入棒」の毎日、自殺者も

特訓のなかで、やはり一人二人は落伍していきましたね。ノイローゼみたいになって。病院に入って除隊になって、帰れと。ところが家には帰れんのじゃな。親戚の家にいって。

——村をあげていっているから？

そう。おおきな顔をして帰れん。親戚のところでひっそりと。烙印をおされて。すぐ隣の班にいました。ふとおらんようになって、どないしたんじゃ、と聞いたら、いや、ノイローゼになってモノの判断がつかんのじゃと。で病院にはいった、と。それから船に乗って海に飛び込む者もいた。艦隊勤務が耐え切れんでな。艦隊勤務はまた別のエラさがある。わたしは一〇カ月乗っていたけど歯磨いたことは正月元旦一回きりです。顔洗ったことも元旦一回きり。正式に洗ったのは。それくらい艦隊勤務は忙しい。下っ端でしょ。上官の靴は磨かにゃいかん、服は洗濯せないかん、洗面の用意はしてあげないかん。寝る前になったらハンモックを吊ってあげて寝させてあげないいかん。それで入港したら毎晩〝整列〟。精神注入棒で尻をたたく。なんちゃ悪いことしとらんのにな。太さ六、七センチある樫の棒で、「日本精神注入棒」と墨でかいてある。専用につくった棒です。誰かひとりヘマやったら全員整列。へまがなくても全員整列。毎晩です。

——だれがたたくんですか?

古参上等兵。下士官になったら見向きもせん。下士官になったら海軍は殿様ですから。二等兵曹、一等兵曹、上等兵曹といった下士官は雲の上の人です。われわれ兵隊とは会わん。こっちが靴みがいたり洗濯してあげたりするだけで。ぜんぶ接点は古参上等兵。海曹に上がる境の人が。ところが海曹にならん人もおる。

——昇任が止まったまま。

成績があまり良くなくて下士官になれんのがおるんです。そういうのは志願は多くない、志願で来とるんは優秀。昇任できんのは、たいてい徴兵検査で入った者です。

——何年くらい人で古参?

三年でしょう。海軍の場合は善行章がつくんです。三年したら善行章一本。これがついたら、もう誰からも批判されない。ただし、これがつかない下士官がおる。上等兵からもバカにされる。

海軍というのはおかしなところですよ。

「お前何年や」

「（昭和）一七年一月兵や」

「おれは一六年三月兵や」

ちょっとでも違うたらもう頭があがらん。位が違うても言われる。わたしは一番下。入ってから船が沈むまで万年ヒラ。

――毎晩たたかれるのは、ヒラの隊員ですか。

そう、古参上等兵に。たたかれたのは何人おったかな……三〇人くらいおったでしょう。

陸上自衛隊久里浜駐屯地に展示されている旧海軍の「軍人精神注入棒」

――たたくのは上等兵一人？
ひとりだけど、文句を言うのはまた別におるんです。「お前らこのごろたるんどる」とかなんとか言うのがおるんです。
「おい、きょうはもう一つや二つじゃいかんぞ。五つくらいやっとけ」っちゅう調子です。そしたらこれ（たたく）はこれで専門がおる。精神注入棒で、ボテ、ボテ……。ぜったい腰の骨のあるところは打たん。腰骨のちょっと下。腰が動かんようになったら将校やらに怒られるから。

——航海中の自殺は白露でもあったんですか?

白露ではなかった。でも話は聞きました。というのは、われわれ上陸するとサック(コンドーム)を二つくれる。班長が引率するんです。で、兵隊ばっかりの「ピー屋(慰安所)」へ行く。みんなついていくから、わたしも行くけど、そんなんは嫌いやから。班長はまた違うところへ行くんです。「慰安所」が、兵隊向き、下士官向きと、将校向きと、分かれとる。班長が下士官向きのところに行っておらんようになるから、すぐその場を抜けるんです。

——そこで行方不明になったという話を聞く?

ええそうです。ほかの艦の乗員と情報交換をするんです。

「うちの、一人おらんようになっとるで」

「なら、海に飛びこんだんだろうか」

「そうだろう」

そんな話はちょくちょく聞かされました。

※班長に寿司、オハギ

班長はぜんぶ奥さん持ちなんです。だから寿司やらをあげる。わたしは母親と父親が二回面談にきた。寿司やオハギやら持って来る。で、班長に、「班長、あの、父母がきたんでお土産に」と言うてあげる。どないに喜ぶやら。そんなものない頃やけん。そしたら班長はしばらくの間、やさしく扱ってくれる。班長はそれを家族に持って帰るんです。

班長同士でも競争がある。水泳でもなんでも実質競争になっとるから。成績が悪いと班長が実戦部隊に行かされる。あの年になって、我々みたいに純粋な気持ちでないでしょ。

――中が見えてきている？

見えているし日本の国情もわかってきている。実戦に回されたらいつ戦死するやらわからん。船が沈んだら終わるじゃないですか。家族がおるでしょ。だから行きたくない。今から考えたら、班長は班長で一生懸命やったと思う。班長のなかにも優劣があるから。うまくまとめて兵隊を教育していく班長と、まとめられんでバタバタしとる班長がおる。

近くに班長が家族と住んでいる官舎があって、日曜がきたらわたしら行っていました。

「班長、庭の手入れに行きましょうか」

「お、きてくれるか」

行ったら奥さんや子どもがおってな、家庭菜園つくっとるんで草むしりをする。そしたら喜ばれる。班長にかわいがられようと思ったら、そういうサービスもせないかん。

――ほかの人もそうやって班長を大事にしていた？

ええ。

――それは班長が怖いから？

それもあるし、人間は尽くしたらかわいがってくれると。そういう気持ちが自動的に働く。

――入ってからも死ぬとは思っていなかったんですか？

ぜんぜん思わないんや。若いから、純粋やから。はやい話が「やられた場合は、おい靖国で会わんか」と。それが自然にでる。せやけど下士官は知り抜いとるでしょ。実戦部隊に行ったら戦死すると。戦死の恐れがあると。海兵団の班長でおったら給料もろうて、戦死することないから。家族と一緒に生活できる。そりゃもう天国と地獄。

――毎日たたかれて、おかしいとは思わなかったですか。

そりゃ思いました。悪いこと何にもしてないのにね。なんでこんな伝統が海軍にはあるんだろうかと。不思議に思うとりました。痛いも痛くないも、思い切り叩くんですから。一度家に帰ってきたら、尻が青うなっとるから風呂に入れんかったんです。家族に見せられない。古参兵と下士官というのは、いま考えたらプロですな。ロープを結ばせたって、そりゃ早い。何年もやっとるでしょ。そういうのにたたかれた。わたしは船の上をブラブラ歩いたことがいっぺんもないんです。そんなとこ見られたら晩にケツがいくつあっても足らん。いまでも階段は走っておりる。家族が「ゆっくりしまい（しなさい）」と言うんですが、できない。海軍で仕込まれたのが、終生死ぬまで残っている。

「お前らたるんどる」

「まわれ右」

壁に手をつかせて、バーン。それが出航したらなくなる。やることがたくさんあって忙しいから余裕がない。精神注入棒は入港中だけ。だから出航したら天下泰平でね。戦争に行って命とられるやらわからんのに。それがうれしい。〝整列〟がないから。

※靖国で会おう

——靖国で会おう、ですか。

わたし、靖国はA級戦犯が合祀されてから参っていないんです。志願兵、一銭五厘の赤紙で子どもや女房のおる人を無理やりに徴兵したでしょ、ああいう人が戦死して、そういう無名の人を祀るのが国の責任やと思う。国が召集して、死んだ無名の戦士。A級戦犯らとはぜんぜん違う。ああいうのを一緒に靖国に祀るから無茶になる。合祀してから参る気にならない。横に遊就館やら、ああいうのもぜんぶ無くさないかん。あれはおかしい。好戦的な、飛行機を入れたりなんかもってのほかです。ただ単に国を思って死んだ人のために、年に一回二回の法事奉賛をするのは、国が責任をもって国費でしなさいと。そう思う。

——悪かったという反省を込めて。

それもそうやし、将校やらは別だから。一兵卒というのは何も知らんと国のために働いた人やから。それで戦死しとるんやから。そういう人を祀ってあげて奉賛しなさいと。そこらへんの基本が間違っている。

——ラバウルではじめて駆逐艦に乗艦したときはどうでしたか。

昭和一八（一九四三）年一一月一日、駆逐艦白露に初めて乗艦したその晩、何もわからんままブーゲンビル島の夜戦に行った。足が震えました。曳光弾《えいこうだん》が飛び交って。その後、船団や、戦艦、巡洋艦、輸送船の護衛をやるようになりました。敵の潜水艦が魚雷を発射したら、ボゴッと波が立つんです。見張りが「魚雷発射」言うたら、すぐ艦首をそっち向ける。魚雷が来ているのがわかるから船を動かしてよけるんです。普通の大きな船は動かしているうちに当たる。駆逐艦は小さいからよけられる。

——輸送船が沈むのを目撃したことは?

何回もあります。味方の輸送船が一五隻くらいの船団で行って、半分くらいになることがある。むこうは三発くらいいっぺんに、戦争末期には白昼ですよ、魚雷を発射する。すーっと三本が分かれて、船の真ん中に当たったのは轟沈、端に当たったのは五分間くらいは浮いている。三発のうち二発くらいは当たる。潜水艦を追っていってもすぐに逃げる。

哀れだったのは、陸軍、なんで銃や剣や持って泳がないかんのか。そんなんしたら沈んでいく。船の上から「銃を捨てなさい」と。「剣や鉄カブトや鉄の重い物は捨てなさい」。そうおらぶ（叫ぶ）んです。捨てた人は助かる。捨てん人がおるんです。教育がいかに徹底しとるか。小銃は朕の小銃やと。天皇陛下の小銃ぞと。捨てたらいかん。そういう教育をしとるんです。だからそれを守った人はみんな死んでいる。目の前で沈んでいくんやから。放れというのに放らん。放った人は浮いとる。そしたらすくってやる。三〇〇〇人くらいがいっぺんに海に浮いてくるんやから。そしてバタバタと沈んでいく。駆逐艦で八〇〇人くらいしか乗せられない。重心が高くなって転覆のおそれがありますから。八〇〇人、七〇〇人くらいになったらストップして、ほかの駆逐艦と交替する。警戒しながらですよ。周囲へ駆逐艦が爆雷を落としながら。そういうことをやったのが何回もある。いかに教育というものが陸軍も浸透していたかということです。バンド（弾帯）や鉄カブト、銃や持って泳げますか。銃も持ったまま片手で泳いでいる。そんなん体力が続くわけがない、重いのに。

※轟沈

――白露が沈んだのは？

一九四四年六月一五日午前二時一五分。艦橋でちょうど見張りに立っていたんです。ドーンと左舷に油槽船が衝突したんです。魚雷を避けようとして。衝突されて船体が真っ二つになった。艦尾は海中に沈没。居住区の人は戦死です。わたしは艦橋にいたから助かった。運命は紙一重です。もうなんともいえん。ピューピュー蒸気がでるし。船が傾いてきて、航海長らが「艦長一緒に出ませんか」と。で、艦橋を出て後ろをみたら艦長が太い紐で体を柱にゆわえつけていた。ああ自決するつもりやなと。「天皇陛下万歳」と二回言うのを聞きました。

わたしは傾いた艦の船腹の上に上がった。裸足になっとった。船腹についた牡蠣が痛くて。ここで飛び込もうか、とあっち行ったりこっち来たりしているうちに、ボンときたんです。右舷に。

——魚雷が。

で、飛ばされた。気がついたら海の上です。船から離れて眺めていると、艦首がもちあがった。それでシューッと沈んだ。すごい重油でした。痛くて息が苦しい。アバラと胸骨が折れていたんです。うねりもスコールのあとだから七〜八メートルあって。あがったり降りたり。下にずーと沈んだらガブる（波をかぶる）。ガブりながら持ち上がる。一番上まで上がったら波の向こうが見える。下におりる時はガブらない。底にいったらガブる。ガブったままであがって、頂点にいったらひょっと浮きあがる。それを繰り返す。

――何かにつかまっていたんですか？

なんちゃつかまらん。痛いし苦しいし。もういかん、死ぬ、と何度も思うた。朝五時すぎぐらいに明るくなって、だれやらわからん、重油で体は真っ黒やから。あそこに五、六人、ここで五、六人、イカダにつかまって浮いているのが見えた。そろそろと寄っていって、向こうも近づいてきて。それでつかまった。そのときのうれしさは、なんともいえん。人間の本性です。午前一〇時ごろ、駆逐艦が迎えにきた。周囲に爆雷を落としていって。それから近寄ってすくいあげられた。二三〇〇人ほどいて助かったのは一〇〇人あまり。あとはぜんぶ死んでしまった。

※人は人の近くで死にたい

空母が沈むのも見ました。空母が沈むときに、甲板にならんだ飛行機がまず崩れて海に落ちる。兵隊は傾いた艦の上方へ逃げる。船の端のてっぺんから飛び込む。高いところから立ったままで。そしてみな泳いでくる。駆逐艦のほうへ。網を下ろして助ける。歌いながら泳いでくるんです。

――歌いながらですか。

そうです。ただ、飛行機が帰るとこないでしょ、空母がやられたら。そしたら駆逐艦のまわりをくるくる回る。戦闘中でないときには駆逐艦の周囲を何機もが回って、着水する。五分間くらいは浮いているんです。その間にすくう。飛行機乗りは大事やから。でも戦闘中はいかん。戦闘中は船が止まれん。全速力で走っている。互いにどんどん撃ちよるんやから。そういうときは帰る場所がないから、駆逐艦のそばへきて、羽根ふってお別れして、そのまま戦死。見殺しや。海に落ち込んでね、五分間浮いて、沈む。助けられんから飛行機乗りも戦死。太平洋は広いし、燃料は足らん。人は人の近くで死にたい。駆逐艦でも巡洋艦でも僚艦のそばでお別れするんです。そりゃかわいそうや。

内地が焼け野原になった。あれも戦争のせいやからな。佐世保も焼け野原になって。戦争が終わって国民はほっとしたという気持ちです。だいたいみんなほっとしたという気持ち。勝つというのは一部の人が考えていたことで、一般大衆はほっとした。これで戦争が終わったと。

輸送船が魚雷で沈んで、陸軍さんが目の前で死んでいくんやからね。貴重な人がな。それ見て……船の上から見るんやから。戦争はもう……これは嫌だなと。体感的に思いました。ガブガブと沈んで、そのまま浮いてこんのんやから。もう目の前で死んでいく。

だから戦争だけはしたらいかん。戦争だけはどんなことがあってもしたらいかん。せんようなな外交を進めてもらわんと。たとえ少々分が悪うても。小さい島とられてもかまん、戦争だけはしたらいかん。ようは教育、戦争しない教育です。

（二〇〇九年三月一五日　香川県高松市内にて）

あとがき

防衛庁航空幕僚監部が二〇〇六年に発行した『航空自衛隊五〇年史』に、航空自衛隊が生まれた経緯が書いてある。

旧陸軍や海軍出身者によるいくつかの軍人グループによって研究されていた空軍創設案が「空軍建設要綱」としてまとめられ、一九五二年、当時の吉田茂首相に提案された。二期六年をかけて、戦闘機一四三四機を含む航空機三一〇六機、隊員約三万五〇〇〇人の空軍をつくる内容だった。一方、米国防省は一九五三年一一月、「日本空軍建設支援計画」（通称ブラウンブック）を示し、この計画を骨格とし航空自衛隊の編成がなされていく。旧軍関係者の「空軍建設要綱」は、そのまま採用されたわけではないが、思想は「航空自衛隊創設準備機関である『制度調査委員会別室』に受け継がれた」という。

この「空軍建設要綱」の〝思想〟とはどんなものだったのか。陸軍有志の研究グループ「日本空軍創設研究会」メンバー・秋山紋次郎氏（元陸軍大佐・第百飛行団長、元空自幹部学校長）の発言が、前掲書に引用されている。

「(前略) 航空軍備を持たなくてはいけないというのは、前大戦の反省を含めてです。昔も航空はあったが、陸軍のなか、海軍のなかでの航空で、従属の形でした。これからの航空はそれではいけない、独立空軍でなければいかん。(中略) ……陸軍では『航空優先』であっても『歩兵絶対』であり、海軍では大艦巨砲主義が主流の座を譲ることが無かったために、航空部隊に潜在する能力を十分に発揮できなかった口惜しい思いが強烈に残っていた。したがって旧陸軍の航空関係者は、新しい時代の空軍のあり方として、『翼のついたものはすべて空軍に集め、陸海には一機も配属しない。陸海には独立空軍から、必要に応じて兵員と航空機を派遣し協力隊を編成する。そして独立空軍本隊と陸海協力隊の二本立てで作戦を遂行する』という発想であった」

「空軍建設要綱」には軽爆撃機一〇八機を導入する構想も入っていたという。実現は見送られているが、軽爆撃機を必要とした理由について、秋山氏同様「日本空軍創設研究会」メンバーだった浦茂氏 (元陸軍中佐、元航空幕僚長) は次のように述べている。

「橋頭堡を作った敵に対しては、襲撃し爆撃しなければならない。そこで軽爆撃機を加えた独立空軍を最初から作ろうというのが狙いだった」(『五〇年史』)

こうした旧軍出身者たちの〝思想〟をみれば、「その旧日本軍の伝統を、陸海空自衛隊はそのまま引き継いでいます」(『田母神塾』) と公言する田母神俊雄・前航空幕僚長は、空自創設の原点に忠実であるともいえる。

一九六五年生まれの私は、戦争を知らない世代である。自衛隊と旧軍は別モノだと教えられ、当然だと思ってきた。だがいま、田母神氏のいうとおり、別モノなどではないと気がついた。

先の戦争によって何千万人か、あるいはそれ以上の国民が塗炭の苦しみに遭った。言論統制、特高や憲兵による政治犯の拘禁・拷問、財産の供出、無償労働、徴兵、空爆、飢え——。はかりしれない負の遺産をもたらした元凶が、旧軍部を中心とする軍国主義にあったことは論を待たない。海軍青年将校グループが犬養毅首相らを暗殺した五・一五事件を例に引くまでもなく、守るべき国民に軍は銃口を向けた。

侵略戦争の泥沼に国民を巻き込み、資源に乏しい小国を世界から孤立させ、挙句の果てには米軍による無差別爆撃の下に住民をさらしたこの国の軍国主義体制は、自らがケンカを売った米軍の圧倒的な軍事力の前に崩壊した。日本軍と同様に、米軍は夥しい数の戦闘員や非戦闘員を殺戮したり傷つけたが、明治以降たびたび政治に介入しては圧政を招いてきた軍部をも解体した。結果、日本は軍国主義から解放され「民主化」がもたらされた。

国民の生命・財産を守るはずの自衛隊は、かつて国民を苦しめたこの旧日本軍の背中を追いかけようとしている。

自衛隊の取材をはじめたのは五年ほど前のことだった。多重債務に陥る自衛官が多いらしい、と聞いたのがきっかけである。実態は予想以上に深刻だった。ストレスから酒、ギャンブル、女遊びにはまって借金をつくり、身動きが取れなくなる。自殺も日常の出来事だという。インタビューを重ねて『悩める自衛官――自殺者急増の内幕』（二〇〇四年、花伝社）にまとめた。

問題はカネだけではなかった。自殺者が続出する背景に暴力やいじめがあった。組織の隠蔽体質も浮かんできた。その様子は『自衛隊員が死んでいく――〝自殺事故〟多発地帯からの報告』（二〇〇八年、花伝社）で報告した。

衣食住が保障されているのにどうして借金をするのか、精強なはずなのになぜ命を絶つ隊員がこれほど多いのか、なぜ暴れるのか、なにが自衛隊員を苦しめているのか――これらの問いを追いかけてきた私は、「日本軍」という新たなヒントに行き着いた。「軍国主義」と「民主主義」の間を迷走する、軍隊でない「軍隊」自衛隊。かつて国民をおびやかした〝先輩〟のあとを追うという矛盾のなかに、「兵士」の苦悩を解く鍵がないだろうか。

本書を執筆するにあたり、多くの方の協力をいただきました。厚くお礼申し上げます。なお、本文中の一部は『週刊金曜日』ならびにインターネットニュースサイト『マイニュースジャパン』(http: //www.mynewsjapan.com) 掲載記事に大幅な加筆をしたものです。

二〇〇九年八月一五日

三宅　勝久

三宅 勝久（みやけ・かつひさ）
1965年岡山県生まれ。ジャーナリスト。元『山陽新聞』記者。「債権回収屋“G”—野放しのヤミ金融」で第12回『週刊金曜日』ルポルタージュ大賞優秀賞。主著に『悩める自衛官——自殺者急増の内幕』（2004年、花伝社）、『武富士追及——言論弾圧裁判1000日の闘い』（2005年、リム出版新社）、『自衛隊員が死んでいく——“自殺事故”多発地帯からの報告』（2008年、花伝社）など。

自衛隊という密室
——いじめと暴力、腐敗の現場から

●二〇〇九年 九 月一八日————第一刷発行
●二〇〇九年一二月 八 日————第二刷発行

著 者／三宅勝久

発行所／株式会社 高文研
東京都千代田区猿楽町二－一－八
三恵ビル（〒一〇一＝〇〇六四）
電話 03＝3295＝3415
振替 00160＝6＝18956
http://www.koubunken.co.jp

組版／株式会社Web D
印刷・製本／精文堂印刷株式会社

ISBN978-4-87498-428-4 C0036